环境规划与管理教程

HUANJING GUIHUA YU GUANLI JIAOCHENG

田　良　编著

中国科学技术大学出版社

内 容 简 介

本书根据"环境规划与管理"课程的实际情况编写而成,分为3篇。第1篇基础理论,包括4章:三种生产论,社会—经济—自然复合生态系统(SENCE)理论,环境承载力、产业生态学和环境管理的基本原理,关于环境问题形成和解决的社会过程的基本理论;第2篇环境管理,包括6章:中国环境管理的发展历程和管理体制,中国环境保护的基本方针与政策,中国的环境管理制度,环境管理的信息手段与企业环境行为信息公开化,环境管理体系与ISO14000系列标准,环境管理中的公众参与;第3篇环境规划,包括7章:环境规划总论,环境功能区划,环境预测,环境优化模型,大气污染控制规划,水污染控制规划,固体废物管理规划。

本书可作为高等院校经济、地理、环保等专业的教材,也可作为相关领域学者研究环境问题时的参考读物。

图书在版编目(CIP)数据

环境规划与管理教程/田良编著. —合肥:中国科学技术大学出版社,2014.1
ISBN 978-7-312-03375-9

Ⅰ. 环… Ⅱ. 田… Ⅲ.①环境规划—教材 ②环境管理—教材 Ⅳ. X32

中国版本图书馆 CIP 数据核字(2013)第 303155 号

出版	**中国科学技术大学出版社**
	安徽省合肥市金寨路 96 号,邮编:230026
	网址:http://press. ustc. edu. cn
印刷	合肥市宏基印刷有限公司
发行	中国科学技术大学出版社
经销	全国新华书店
开本	710 mm×960 mm 1/16
印张	15.25
字数	298 千
版次	2014 年 1 月第 1 版
印次	2014 年 1 月第 1 次印刷
定价	26.00 元

序

　　环境规划与管理是环境保护工作的重要组成部分,特别是政府开展环境保护工作的重要组成部分。在长期工作实践的基础上,对许多成功的经验和失败的教训进行总结、提炼和升华,环境规划与管理慢慢成长为环境科学领域中一个重要的分支学科。

　　在我国,从1972年开始开展环境保护工作以来,经过17年的努力,"环境规划与管理"终于在1990年国家教委第一届环境科学教学指导委员会的会议上,被确认为环境科学的一个分支学科。自此,环境规划与管理才"名正言顺"地纳入环境科学教育体系。我有幸担任环境科学教学指导委员会第一届委员,并兼任环境规划与管理教学指导组组长,见证了这个学科的创立和成长过程。

　　此后二十多年,很多教师和环境保护工作者根据自己的工作体验,先后编写过环境规划与管理的相关专著与教材,可以说是各具特色。田良教授的《环境规划与管理教程》是在其多年从事环境保护相关课程教学和研究的基础上编著完成的。这本教程既有理论的高度,又密切联系中国环境规划与管理的实际工作,特别是充分考虑到我国地理、环保、经济类相关专业本科生的知识结构、课时安排及教学要求,对教学的内容进行了筛选和拓展,部分内容的选择和讲法很有特色和新意,非常适合作为这些专业本科生的教材或参考书。对刚刚接触这一课程教学工作的年轻教员来讲,也是一本不可多得的参考资料。

　　由于环境保护工作的内容、思路、方法因环境问题的不同而在日新月异地丰富、变化着,相应的环境科学的学科体系也在不断地发展、完善着。因此,环境规划与管理的实际工作和理论、方法也会不断地调整。使用本书的老师们可以根据环境保护工作和环境科学的最新发展,以及各单位的教学需要调整和丰富课程的内容,从而使青年学生受到更大的教益。

写这篇序文时,脑海中不时浮现田良教授当年攻读博士学位时的情景,历历在目。而今,我国环境保护和环境科学事业发展前景一片光明,田良教授也已成长为这一领域的中青年骨干,不禁喜从中来,欣然作此序以志之。

2013 年 12 月
于北京大学中关园

前　言

环境科学是现代科学技术的一个重要领域。环境科学是在环境问题特别突出的时代背景之下,科学技术系统对社会需求的一种反应。在众多的科学分支所构成的现代科学技术体系当中,环境科学是从人类—环境关系的角度,对世界进行考察所得到的知识与方法体系。起初,环境科学是一门包括研究环境的物理、化学、生物三个部分的学科,它提供了综合、定量、跨学科的方法来研究环境系统。由于大多数环境问题涉及人类活动,因此,经济、法律和社会科学知识往往也用于环境科学研究。在现阶段,环境科学可被认为是一门研究人类社会发展活动与环境演化规律之间相互作用关系,寻求人类社会与环境协同演化、持续发展途径与方法的科学。

环境科学的基本逻辑体现为:环境概念—环境问题—环境科学—环境保护。

环境概念重在阐明环境是一个关系型的范畴,重在阐明中心事物与周围事物的相互融合、支撑与影响,是从中心事物—周围事物的关系考察世界所取的角度和得到的看法。在现有条件下,环境科学重点考虑以人类为中心项的周围环境。对环境概念的理解决定着如何从浩瀚的科学知识海洋撷取相关知识构建环境科学的知识体系。环境概念可进一步分解为环境科学的一系列基本概念,如环境的要素与组成、环境的结构与功能、各环境要素的知识与规律等。

环境问题是人类与环境的关系所呈现的相互矛盾的状态。

环境科学是在环境问题特别突出的时代背景之下,科学技术系统对社会需求的一种反应。

环境保护是在了解环境问题的产生原因、演变规律之后,人类所采取的一种自觉的实践行为,是人类对环境问题的调整与解决。

科学哲学中有一个命题,即发现的逻辑与说明的逻辑有所不同。探讨发现的逻辑有利于帮助科学家在研究中发现新的科学事实与规律,探讨说明的逻辑有利于帮助构建科学的知识体系,以便于科学知识的传播。实际上,在说明的逻辑中还可以分出教学的逻辑这样一个子系统。实际问题的结构与规律、相应科学的知识体系与教学过程的课程体系应该有一定的对应关系,但又不能是简单的照搬。在教学的过程中,理清和揭示这种基本的逻辑关系,有利于帮助学生更好地理解和掌握相关的知识及其相互关系,融会贯通。

根据环境科学的基本逻辑,环境科学的课程体系应该设置为:环境学概论、环境评价、环境工程、环境规划与管理等。以下简述各部分的基本内容和需要解决的重点问题。

环境学概论应重点说明环境科学的基本概念,如:环境的定义、组成、结构、功能、质量,环境问题的定义、类型,环境科学的定义、体系,环境保护的定义、方法等。各环境要素的基本知识与规律也应属于环境学概论的内容,如地表水环境、地下水环境、大气环境、土壤环境等。环境学概论可为环境科学的研究提供一个基本的理论框架和知识基础。

环境评价是在环境学概论的基础上,对人类与环境相互影响的规律和重大性进行的判断。环境对人类影响的规律和重大性的知识主要体现在环境质量评价的内容当中,人类对环境影响的规律和重大性的知识主要体现在环境影响评价的内容当中。环境质量评价和环境影响评价已被确定为人类自觉认识与调控人类—环境系统的一种制度化方法,在环境保护中发挥日益重要的作用。这部分内容应将一定的理论知识与环境保护社会实践、环境管理制度和方法的内容相结合。

环境工程学是在环境学概论、环境评价的基础上,运用工程技术的方法解决具体环境问题所对应的科学内容,如大气污染控制工程、水污染控制工程、噪声污染控制工程、固体废物污染控制工程等。综合运用技术、经济、法律、行政等手段解决环境问题,还需要发展环境系统工程的技术与方法。这就进入了环境规划与管理的领域。

环境管理是人类对自身与环境关系的自觉调整过程,是综合运用技术、经济、法律、宣传教育等手段,协调人与环境之间关系的努力。环境规划是环境管理的一项重要职能。环境规划与管理体现了人类对自身与环境系统的宏观性把握、对自身环境保护行为的整体性把握的高度自觉状态。

目前,经济、地理、环保各专业都开设了资源环境保护类课程。由于各专业的侧重点不同,环境保护类课程的开设也有所不同。各类环境保护专业环境保护类课程课时较多,一般采用分别开设的方法。经济、地理类专业,如新近由资源环境与城乡规划管理专业划分出的自然地理与资源环境、人文地理与城乡规划专业,环境保护类课程课时相对较少,可以结合专业需要,开设环境学概论、环境影响评价、环境规划与管理等主要环境保护课程。

本书编者在兰州大学、海南大学开设环境保护相关课程多年。实践表明,环境学概论内容相对成熟,需要较多的课时讲清环境科学的基本概念和基础知识。环境影响评价目前也形成了比较成熟的课程内容,并与环境保护的实际工作有直接的联系,可以单独开设。环境规划与环境管理的课程内容关联性较强,合并开设比较适当。经过多次教学试验,编者将环境规划与管理课程划分成了三大部分:第一部分介绍环境规划与管理的基本概念和基础理论;第二部分结合我国环境保护的基本历程讲述环境管理的体制和制度,以及新的管理思路和方法;第三部分阐述环境规划的基本概念和技术方法,以及最常用的环境规划模型。

本书是根据课程的实际情况编写的。在编写过程中,编者始终坚持理论联系实际和注重简要的原则,在具体内容的论述过程中尽量将学科理论与环境规划和管理的实践经验、实际案例相结合,对所收入的主题内容进行筛选,而每一个主题内容则相对完整,以突出课程教学的重点。考虑到本课程是为高年级学生开设的,为促进学生从学习到研究的过渡,提高阅读原著论文的能力,教学材料的选择尽量采用或接近原著。

本书由讲义发展为教程出版,得益于海南大学 2012 年度自编教材项目(hdzbjc1204)及国家教育体制改革试点项目资助。在讲义和教程编写过程中,参

考了相关的教材、专著与论文，主要参考文献在各章末尾均做了标注。在此，对这些文献的作者表示衷心的谢忱！本书书稿完成后，承蒙我的导师、北京大学环境科学与工程学院叶文虎教授予以审阅并欣然作序，十分感谢！我在兰州大学、海南大学的研究生瞿群、文涵、林晓丹、刘何丽等同学，在录入资料、清绘图表、校对文稿等方面给我提供了很大的帮助，在此一并致谢！

田　良

2013 年 12 月 16 日

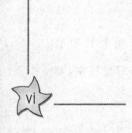

目　　录

第1篇　基础理论

第 2 篇　环境管理

第 3 篇　环境规划

1 绪　　论

1.1　基　本　概　念

1.1.1　管理与规划

管理是人类的一种基本的社会行为。什么是管理(Management)？管理学教科书云：“主其事为管，治其事为理。”用通俗的语言来说，管理即管辖与治理，指对某事拥有权力、负责某项工作使其顺利进行。

管理活动的职责和功能叫管理的职能，即管理应该和能够做什么。关于管理的基本职能，有不同的说法。一种说法是四种职能，即规划、协调、监督、指导。这种说法比较宏观，比较适用于描述政府的宏观管理。另一种说法是五种职能，即计划、组织、指挥、调节、控制。这种说法比较具体、微观，比较适用于描述企业等具体组织的管理。

什么是规划(Planning)？规划的基本含义是指比较系统、全面、长久的计划。规划是对某一时期某一领域的工作目标以及达到这一目标的措施的规定，也可以指这些规定的制订过程。

怎样认识规划与管理的关系？从管理的广泛意义上讲，规划是管理的一项基本职能，是整个管理工作的一部分。但是，与其他管理工作内容相比，规划又有其特殊的地位，是其他管理工作的依据，故有时将规划从其他管理工作中单列出来。这时，规划主要指行为前的筹划；其他管理工作主要指行为的实施，即行为中和行为后的处理、组织、控制。规划的对象不仅包括管理工作的直接对象，也包括管理主体和管理活动自身。

1.1.2　管理活动的要素和结构

管理活动的要素是指一个管理活动能够形成所涉及的基本元素。管理活动的结构则是指管理活动的要素相互连接为管理活动整体的具体方式。管理活动的基本要素有五个：一是管理主体；二是管理对象；三是管理内容；四是管理方法；五是管理手段。当然，完整的管理过程还要涉及管理的信息与环境。以上管理要素的

1

有序组合构成管理活动的结构。

1.1.3 管理学的基本问题

与管理活动的元素和结构相对应,管理学的基本问题主要表现在以下方面:

管理的主体,即管理者——也就是说谁来管?

管理的客体,即被管理的对象——也就是说管理谁? 前面这两种说法合在一起——即谁管谁?

管理的内容——管什么?

管理的方式方法、依据的原理——怎么管? 道理何在?

管理的目标、手段——达到什么样的目标? 用什么管?

这些内容构成了管理科学的最主要问题和最基本的内容,也为研究管理问题建立了基本的理论和思考框架。

1.1.4 环境规划与管理

环境规划与管理的基础理论、技术方法与相关案例研究构成环境规划学与环境管理学的研究内容。按行业和学科内部的约定俗成,环境规划与环境管理都是缩略语。环境规划不单是指规划环境,而是指对某一地区或部门的环境保护工作的规划;环境管理也不单是指管理环境,而是指对某一地区或部门的环境保护工作的管理。环境规划在学科构成上有更多的技术性内容,可在环境管理学中单列出来。本课程将环境规划作为环境管理的基本职能和组成部分理解,先讲环境管理,后讲环境规划。

为了更好地理解环境管理的特点,我们可以把环境管理与环境建设、环境工程、环境治理进行如下的对比性分析。

环境管理是环境保护的一个重要工作领域,是各级环境保护行政主管部门的最主要的职责,是环境保护中的规划、协调、监督和指导工作。环境管理可以涉及经济发展、社会生活和生态建设等多种领域。

环境建设、环境工程、环境治理是直接作用于物质过程的、硬的过程,是直接运用物质手段,改造物质环境或调整与环境有关的物质过程。因此,在环境建设、环境工程和环境治理中,主要考虑的是物质运动、变化、转化的规律——即“物理”,主要运用自然科学、技术科学(如物理、化学、生物、地理等)的手段加以解决。

环境管理更多的是直接作用于人和事,是指综合运用行政、法律、经济、技术和信息手段调节人类环境行为,通过调节人类环境行为,协调人类—环境的关系。因此,在环境管理中除了要考虑自然科学和技术科学的规律——“物理”外,更重要的是要涉及社会科学和人文科学的内容(如经济、法律、管理、环境观念等),即更要考虑"事理"和"情理"。环境规划与管理属于软科学研究的范畴,比环境工程和环境治理具有更大的复杂性。

通过上面的讨论,我们可以给环境管理确定一个通俗易懂的定义。环境管理可以从广义、狭义两方面予以定义。广义的环境管理,即采取各种手段,调整政府、企业、公众三种主体的环境行为,使之符合环境保护的要求。狭义的环境管理,特指政府管理环境的职能,特别是环境保护行政主管部门的业务工作,即运用经济、行政、法律、宣传教育、技术标准等管理手段,调整与环境保护有关的观念和行为,限制人类损害环境质量的活动,提倡和推动有利于环境的活动,通过全面规划使经济发展与环境相协调,既发展经济以满足人类的基本需要,又不超出环境的允许极限,目的是实现社会经济与环境的协调和可持续发展。

环境规划在大的范畴上属于环境管理的内容,涉及很多特有的技术工具和方法,由于地位特殊,在本课程中独立列出。本书讨论环境规划与管理这一领域内的基本原理、制度和方法,即环境规划学和环境管理学。课程的重点是环境规划与管理的基本原理,国家的环境管理体制(体系、制度),区域环境管理、规划,通用的环境管理和规划方法。全书分为四大部分,分别为绪论、环境规划与管理的基础理论(第 2~5 章)、环境管理(第 6~11 章)、环境规划(第 12~18 章)。

1.2　环境管理的主体和对象

环境管理的对象不是环境,而是人类的环境行为,即人类的那些与环境有关,可以对环境产生正、负影响的行为。环境管理是一种界面控制活动,如经济—环境界面、交通—环境界面的控制活动,是协调主体与环境关系的活动,这是环境管理与其他管理工作的区别。环境管理的目的就是促进人类有利于环境的行为,纠正和限制人类不利于环境的行为。

归纳来说,环境管理的主体是政府、企业、公众这三类社会主体。环境管理的对象也是政府、企业、公众这三类主体的环境行为。其中:

政府环境行为,如对环境产生影响的决策、决定、命令、规划等。

企业环境行为,如对环境产生影响的生产、经营等。

公众环境行为,如对环境产生影响的消费、娱乐等。

环境管理就是政府、企业、公众这三类主体对其环境行为的自我管理和相互管理过程。如图 1.1 所示。

这不是虚幻的理论推演,而是切实的社会存在。我国正在进行的从政府直接控制到政府直接控制与社会制衡相结合的环境政策转型,就是要调动全社会各类环境管理主体的作用,建立全社会的环境管理体系。

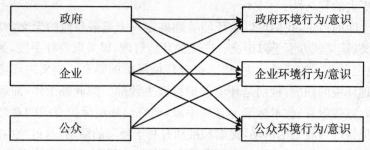

图 1.1　环境管理的主体和对象

制约环境行为的环境观念和意识也是重要的环境管理对象。有时,不正确的环境观念成为不正确的环境行为以及由此而产生的环境问题的根本原因。对制约人类环境行为的环境意识和环境观念进行必要的引导,也是环境管理的重要内容之一。

1.3　环境管理的内容

从管理工作的范围来讲,环境管理可分为区域环境管理(包括省市区地县,水域、流域)、部门环境管理(如部委、行业)以及企业或其他组织的环境管理等。

从管理工作的内容和性质来讲,环境管理可划分为环境计划管理、环境质量管理、环境技术管理以及环境保护机构自身的设置和管理等。

从管理工作的层次讲,环境管理可划分为宏观管理和微观管理等。

从管理工作的职能来讲,环境管理可分为:

① 规划,主要是制订环境保护规划和年度计划,通过规划来调整资源、人口、发展与环境之间的关系,解决发展与环境的矛盾。环境规划为环境管理提供目标和方向,在环境管理中起着指导作用。

② 协调,就是将各地区、各方面的环境保护工作有机地结合起来,形成一个有结构层次的功能性系统,通过协调,减少相互脱节和矛盾,避免重复,建立正常的工作关系,共同实现环境保护的目标、规划和要求。

③ 监督,就是根据环境法规、环境标准以及迅速、准确和完善的监测手段来保证环境规划、组织措施的切实实施,包括:环境质量监督,开发、建设、经营、消费行为的监督,法律法规制度执行情况的监督等。它是环境保护主管部门以及依法行政的其他环境管理部门的工作核心,是健全有效的环境管理得以实现的必要保证。原国家环保局局长曲格平同志曾讲过这样的话,强调环境监督的重要性:"环境管

理的权不在多,只要有了监督权,就有了最重要的一种权。"

　　④ 指导,就是通过对各地区、各部门以及群众性环境保护活动的组织领导,对各地区、各单位、各部门的环境保护工作提出要求,为下级部门和其他部门提供科学技术及其他方面的指导,对群众性的环境保护活动加以引导和支持。

　　以下阅读材料为国家和企业环境保护机构设置和职责设定情况,从中可大体了解国家和企业环境管理的主要内容。

 **阅读材料**

原国家环境保护总局环境监督的重点

　　工业和城市布局的监督——规划的环境影响评价。

　　新污染源的监督——环境影响评价和"三同时"制度。

　　老污染源的监督——达标排放和技改、定期淘汰老工艺。

　　城市环境质量监督——水、气、声、固体废物等污染四害。

　　乡镇企业污染防治监督——产品结构、合理布局和"三同时"。

　　珍稀物种和自然保护区的监督。

　　有毒化学品的监督——有毒废弃物的安全处置;有毒化学品生产、储运和使用的管理。

　　资料来源:原国家环境保护总局网站。

原国家环境保护总局机构设置及主要职能

　　机构设置(11个司局):办公厅(宣传教育司)、规划与财务司、政策法规司、科技标准司、污染控制司、自然生态保护司、环境影响评价管理司、行政体制与人事司、核安全与辐射环境管理司、国际合作司、环境监察局。

　　主要职能(12项):

　　1. 拟定国家环境保护的方针、政策和法规,制定行政规章;受国务院委托对重大经济和技术政策、发展规划以及重大经济开发计划进行环境影响评价;拟定国家环境保护规划;组织拟定和监督实施国家确定的重点区域、重点流域污染防治规划和生态保护规划;组织编制环境功能区划。

　　2. 拟定并组织实施大气、水体、土壤、噪声、固体废物、有毒化学品以及机动车等的污染防治法规和规章;指导、协调和监督海洋环境保护工作。

　　3. 监督对生态环境有影响的自然资源开发利用活动、重要生态环境建设和生态破坏恢复工作;监督检查各种类型自然保护区以及风景名胜区、森林公园环境保护工作;监督检查生物多样性保护、野生动植物保护、湿地环境保护、荒漠化防治工作;向国务院提出新建的各类国家级自然保护区审批建议;监督管理国家级自然保护区;牵头负责生物物种资源(含生物遗传资源)的管理工作;负责外来入侵物种有关管理工作。

4. 指导和协调解决各地方、各部门以及跨地区、跨流域的重大环境问题;调查处理重大环境污染事故和生态破坏事件;协调省际环境污染纠纷;组织和协调国家重点流域水污染防治工作;负责环境监察和环境保护行政稽查;组织开展全国环境保护执法检查活动。

5. 制定国家环境质量标准和污染物排放标准并按国家规定的程序发布;负责地方环境保护标准备案工作;审核城市总体规划中的环境保护内容;组织编报国家环境质量报告书;发布国家环境状况公报;定期发布重点城市和流域环境质量状况公报;参与编制国家可持续发展纲要。

6. 制定和组织实施各项环境管理制度;按国家规定审定开发建设活动环境影响报告书;指导城乡环境综合整治;负责农村生态环境保护;指导全国生态示范区建设和生态农业建设。

7. 组织环境保护科技发展、重大科学研究和技术示范工程;管理全国环境管理体系和环境标志认证;建立和组织实施环境保护资质认可制度;指导和推动环境保护产业发展。

8. 负责环境监测、统计、信息工作;制定环境监测制度和规范;组织建设和管理国家环境监测网和全国环境信息网;组织对全国环境质量监测和污染源监督性监测;组织、指导和协调环境保护宣传教育和新闻出版工作;推动公众和非政府组织参与环境保护。

9. 拟定国家关于全球环境问题基本原则;管理环境保护国际合作交流;参与协调重要环境保护国际活动;参加环境保护国际条约谈判;管理和组织协调环境保护国际条约国内履约活动,统一对外联系;管理环境保护系统对外经济合作;协调与履约有关的利用外资项目;受国务院委托处理涉外环境保护事务;负责与环境保护国际组织联系工作。

10. 负责核安全、辐射环境、放射性废物、放射源管理工作,拟定有关方针、政策、法规和标准;参与核事故、辐射环境事故应急工作;对核设施安全和电磁辐射、核技术应用、伴有放射性矿产资源开发利用中的污染防治工作实行统一监督管理;对核材料的管制和核承压设备实施安全监督。

11. 负责总局机构编制和人事管理;组织开展全国环境保护系统行政管理体制改革。

12. 承办国务院交办的其他事项。

资料来源:原国家环境保护总局网站。

某工业企业环境保护机构(集团公司环境保护处)工作职责

1. 按照国家有关法律、法规、方针、政策对全集团公司的环境保护工作实施统一监督管理。

2. 加强与地方环保局之间的友好往来,协调与地方的环境污染纠纷。接待上级环保部门对集团公司环境保护工作的检查。

3. 负责集团公司有关环保方面的证件管理及证件年检工作(土地证、环保达标证、排污许可证等)。

4. 负责集团公司内大气、水体、土壤、噪声、固废、有毒化学品的污染防治与监督管理,监督指导集团公司环境保护工作。

5. 组织全集团公司环保科技和环保产业的研发和推广、应用。

6. 指导集团公司所属单位推行环境管理体系,实施环境监督制度。

7. 组织对集团公司重点耗能耗水设备、装置、系统的监测;督导集团公司所属单位进行节能节水技术改造。

8. 为集团公司下属单位提供环境管理方面的咨询、培训,帮助其提高环境管理水平。

9. 组织、指导全集团公司环保宣教工作,推动职工参与环保、支持环保,共建绿色家园。

资料来源:百度文库。

1.4　环境管理的基本手段

1.4.1　法律手段

法律是国家颁布的、以国家强制力保证实施的条款,是环境管理的最有力的手段。我国已初步形成了由宪法、环境保护法、与环境保护有关的相关法、环境保护单行法和行政法规、规章等组成的环境保护法律体系。环境管理的法律手段就是以法律、法规调整人们的环境行为,对破坏环境的违法犯罪行为予以法律惩处,依法保护人民群众的合法权益。环境管理的法律手段包括立法、司法、执法、守法等环节。我国目前在这一方面存在的主要问题是法律规定不细和监督执法不力。环境保护部门的重要工作内容就是协助当地政府和公检法部门建立环境保护的法律秩序。

1.4.2 经济手段

环境管理的经济手段是指运用经济杠杆、经济规律和市场机制的作用,通过调整物质利益关系,促进和诱导人们的生产、生活活动遵循环境保护和生态建设的基本要求。如国家实行的排污收费、废物综合利用利润提成、污染损失赔偿等就属于环境管理中的经济手段。2001 年 8 月 21 日国务院四部委联合发文,对低排放小汽车免征 30%的消费税,就是通过税收政策调整消费行为,进而调整企业行为,推动有利于环境保护的技术和产品的使用。随着社会主义市场经济体系的确立,这类手段将会被大量利用。

1.4.3 技术手段

国家制定和推广环境保护技术政策、最佳实用技术,制定和颁布环境保护的标准;用现代科技手段,如 3S 技术,监测、监督环境状况和环境保护政策的执行情况,收集、整理和传播环境信息;组织生命周期评价(LCA)、环境审计(EA),审核环境标志(EL),颁布和推动执行 ISO14000 标准等,都属于环境管理的技术手段。

1.4.4 行政手段

环境管理的行政手段是指国家通过各级行政管理机关,根据国家的有关环境保护方针政策、法律法规和标准而实施的环境管理措施,如对污染严重而又难以治理的企业实行关、停、并、转、迁,进行城市环境综合治理定量考核,实施各种环境保护的目标责任制,以及行政奖励和处罚等。

1.4.5 信息手段

环境管理的信息手段又可以分为环境保护宣传教育和环境信息公开化两类。

环境保护宣传教育指通过基础的、专业的和社会的环境教育,普及和传播环境保护的基础知识、政策法律法规、环境道德规范,不断提高环保人员的业务水平和受众的环境意识和境界,转变环境观念,增强环境意识。环境受行为影响,行为受动机支配,动机受观念控制。环境保护宣传教育通过转变环境观念,提高环境境界实现行为管理。根据在环境保护和可持续发展中的地位和作用不同,各级领导和决策者要首先接受环境教育。

环境信息公开化是及时将某一地区和组织的环境信息向需要和应该知道的公众公开,利用舆论和社会压力监督和促进政府、企事业单位约束和改变自己的环境行为,这种管理方法在公众环境意识增强、群众自我权利意识和保护意识比较强的情况下比较有效。

宣传教育和环境信息公开化的区别是前者向环境管理对象传递相关信息,促使其改变环境行为;后者将管理对象的环境信息传递给受众,利用舆论和消费权利的行使改变环境管理对象的环境行为。

世界银行 K·哈密尔顿等出版的《里约后五年——环境政策的创新》总结了里约环境与发展会议以后,世界各国出现的新的环境政策手段,见以下阅读材料。

 **阅读材料**

新的环境政策手段

里约环境与发展会议后,世界各国出现的新的环境政策手段如表 1.1 所示。

表 1.1　新的环境政策手段

市场(经济)	利用市场	减少补贴 环境税 使用费 押金—退款制度 专项补贴
	创造市场	明确产权 权力分散 可交易的许可证 开发权补偿制度
行政法律	实施环境法规	标准 禁令 许可证/配额
社会制衡	鼓励公众参与	信息公开 生态标志 公众知情 公众参与

资料来源:《里约后五年——环境政策的创新》,第 160 页。

1.5　环境管理的地位与作用

我国的环保政策体系是"以强化管理为核心的环保政策体系",这是对环境管理重要地位的高度肯定。环境管理从环境保护中一般性的污染治理的组织工作,

上升到环境保护的核心工作，这种地位是逐步确立的，这也是我国以及世界各国环境保护的一条重要经验。

环境管理的重要性是由环境问题的基本特征决定的。环境问题是典型的外部不经济问题（即企业或居民的经济活动对他人所产生的非市场性的不利影响）。环境是一种公共物品。一般来说，环境保护的收益在外，成本在内；环境保护的内部收益少、远、间接，其内部成本大、近、直接。在这种情况下，从事经济活动的企业或居民受利益关系的影响，必然缺乏改善环境的动机。因此，必须有一种监督机制使外部不经济内部化，使之考虑活动的环境影响。环境管理可以提供这样的监督转化机制。环境问题还是一种典型的个人理性和经济性造成的集体非理性和不经济性问题（其他如交通问题、自来水等资源的使用问题等），需要协调个人、部门、团体和整体利益的冲突。要协调，就需要组织、领导、推动，就需要管理工作和政府职能。

将环境管理和环境治理排序，管理必须先行，即首先要使破坏环境的行为得到制止，环境恶化的形势得到遏制；进而还要以管促治，保证环境治理设施的顺利建设和运行。在经济实力有限、管理水平低、技术水平落后的发展中国家，加强环境管理尤其具有现实意义。所以，在环境保护的诸多领域当中，环境管理具有核心地位。

在环境管理水平大幅度提高以后，环境规划工作也是十分重要的。环境保护不能没有规划、监督，组织领导非常关键。环境规划是一种事先的筹划，它追求最小花费，最大效果，通过时空布局，搞好社会经济—环境的协调。环境管理不仅是环境保护的最重要的工作领域和最基本的手段，也是环境科学的重要研究内容。

 复习思考题

1. 怎样理解关于管理基本职能的不同说法？如何认识环境管理的基本职能？
2. 管理学的基本问题有哪些？如何概括环境管理学的基本内容？
3. 简述环境规划与环境管理的概念及其相互关系。
4. 简述环境管理的特点及其在环境保护中的地位、作用。如何理解环境管理与环境治理、环境工程的区别与联系？
5. 为什么环境管理的主体包括政府、企业和公众三个方面？
6. 环境管理的基本手段有哪些？怎样理解环境宣传教育手段和环境信息手段的关系？
7. 什么是个体理性造成的集体非理性？如何认识公地的悲剧？

 **参考文献**

[1] 刘常海. 环境管理[M]. 北京：中国环境科学出版社，2001.

[2] 叶文虎，张勇. 环境管理学[M]. 北京：高等教育出版社，2006.

[3] K·哈密尔顿，等. 里约后五年：环境政策的创新[M]. 张庆丰，等，译. 北京：中国环境科学出版社，1998.

[4] 中华人民共和国环境保护部网站. http://www.mep.gov.cn/.

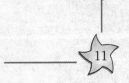

第 1 篇　基础理论

2 三种生产论

何谓理论？理论是用概念和语言构造起来的体系，是现实世界的模型。理论与其所反映的现实事物的关系是模型与原型的关系。现实事物与理论可以有多种对应关系，因而，对于同一现实事物可能存在多种理论。理论的意义是帮助我们了解和掌握其所反映的现实世界的规律，即通过模型了解和把握原型。能够全面、深刻反映现实世界的基本规律、机制和行为的理论可称为基础理论。

环境规划与管理的基础理论应该是能够揭示环境问题产生的根本原因，揭示人类—环境系统的基本规律以及环境管理过程的基本机制的理论，是构造了环境管理活动基本模型的理论。本书认为，环境规划与管理的基础理论是由三种生产论、社会—经济—自然复合生态系统理论、环境承载力理论、产业生态学、人类环境行为的管理控制原理、环境问题形成和解决的社会过程理论等组成的理论体系。本书第2～5章阐述环境规划与管理的基础理论，本章先讲三种生产论。

1997年，北京大学中国持续发展研究中心叶文虎、陈国谦教授在《中国人口、资源与环境》杂志上发表论文，系统地提出了三种生产论，指出该理论是可持续发展的基本理论。三种生产论阐明了人类—环境系统最基本的内在联系和物质流动过程，建立了一个描述世界系统实际运行的概念模型，可被认为是环境规划与管理的重要基础理论。

2.1 三种生产模型的结构与基本参量

如图2.1所示，三种生产论认为，人和环境组成的世界系统，在基本层次上，可以概括为三种生产——物质生产、人的生产和环境生产——的联系。

物质生产指人类从环境中索取生产资源并接受人的生产环节产生的消费再生物，并将它们转化为生活资料的总过程。该过程生产出生活资料去满足人类的物质需求，同时产生废弃物返回环境。

人的生产指人类生存和繁衍的总过程。该过程消费物质生产提供的生活资料和环境生产提供的生活资源，产生人力资源以支持物质生产和环境生产，同时产生消费废弃物返回环境，产生消费再生物返回物质生产环节。

　　环境生产则是指在自然力和人力共同作用下环境对其自然结构和状态的维持与改善,包括消纳污染(加工废弃物、消费废弃物)和产生资源(生活资源、生产资源)。

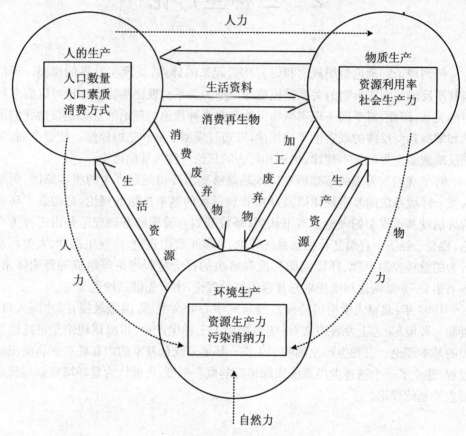

图 2.1　人与环境系统概念模型

　　三种生产的关系呈环状结构。任何一种生产不畅即会危害世界系统的持续和发展;反过来说,人和环境这个系统的畅通程度取决于三种生产之间的和谐程度。

　　物质生产环节,其基本参量是社会生产力和资源利用率。社会生产力对应于生产生活资料的总能力,而资源利用率表示从环境中索取的资源和从人的生产环节取得的消费再生物转化水准。资源利用率愈高,则意味着在同等生活资料需求下,物质生产过程从环境中索取的资源少,加载到环境中的加工废弃物也少。在原始文明时期,人类以狩猎和采集方式直接从自然环境中获取生活所需。随着文明的演进,环境的自然品质越来越低,生活资料的属性越来越复杂,从而使加工的链节也越来越多。虽然单个加工链节的技术水平在不断提高,整体的资源利用率反而不断降低。甚至连人类赖以生存的最基本的生活条件,在工业文明时代亦以生活资料形式提供,须经物质生产环节加工而成(如饮用水等)。总的来说,社会生产力无限增大,加工链节急剧增多,物质生产的资源利用率急剧下降,这是工业文明在物质生产方面的基本特征。

人的生产环节,其基本参量是人口数量、人口素质和消费方式。人口数量和消费方式决定了社会总消费,这是三个生产环状运行的基本动力,而社会总消费的无限增长(表现在人口数量和消费水准的增长上),则是世界系统失控的根本原因。因为环境所能支持的人类"自然"人口(即不能以医疗克服死亡或控制生育并且限于一定社会经济生态环境中的人口),有一个确定的总量,我们称之为环境的人口承载力。随着环境状态的变化,它会相应地有所增减,但大体上是一个相对稳定的有限量。因此,当人口增长到超出了环境的人口承载力时,就会因生活资料缺乏和环境条件恶劣,使死亡率提高,出生率下降。因此,适应于三种生产和谐的适度人口理论必然应运而生。

人口素质涵括人的科技知识水平和文化道德修养,它不但应决定人参加物质生产、环境生产的能力,而且应表现为调节自我生产和消费方式的能力。因此人口素质的提高,不仅会体现在单种生产,如物质生产和环境生产的提高以及人的生产的改善上,更重要的是体现在调节三种生产的能力提高上。

消费方式包含消费水准、消费入口比和消费出口比三个基本分量。消费水准指个人消费物质资料(包括生活资源和生活资料)的多寡,它在决定社会总消费上有与人口数量同等重要的地位。消费水准提高对世界系统的负担,等同于人口的增加。消费入口比高,即意味着社会总消费中取自环境生产的生活资源较多,而取自物质生产的生活资料少,有利于减少对环境生产的压力。因此,提倡"适度消费"以提高消费入口比,是使消费方式符合三种生产和谐运行需要的一个重要方面。消费出口比表示物质经人的生产环节消费以后,回用于物质生产的部分(消费再生物)与直接返回环境生产的部分(消费废弃物)之比。消费出口比高,意味着转化为物质生产的资源的比例大,成为环境污染物的比例少,有利于减少对环境资源生产力的压力。提倡"清洁消费"以提高消费出口比,是使消费方式符合三种生产和谐行动的另一个重要方面。

消费方式是反映人的文化道德水准的一个重要指标。穷奢极侈的唯享乐生活方式为人类新文明所不齿。而提倡绿色消费、重视文化生活,是建立符合可持续发展要求的消费模式的主要内容。在工业文明时代,商品生产不适当地刺激消费,成为决定消费方式和消费水准的主要因素;人类的需求异化为商品,人类成为商品生产的奴隶,从而对环境的资源索取和污染载荷都无限增大,这是工业文明发展模式不可持续性的一大根源。

环境生产环节,其基本参量是污染消纳力和资源生产力,这是环境承载力的两个基本分量。环境接受从物质生产返回的加工废弃物和从人的生产返回的消费废弃物,其消解这些废弃物的能力有一个极限,称为污染消纳力;当环境所接受的废弃物的种类和数量超过其污染消纳力后,就会使环境品质急剧降低。环境产生或再生生活资源和生产资源的速度也有极限,称为资源生产力。当物质生产过程从环境中索取资源的速度超过了环境的资源生产力时,就会导致可能作为资源的环境要素的存量降低。如果所对应的要素为可再生的,则由于其与其他要素的相互关联性,可能导致环境状态失衡。人类科学技术水平的提高,当然可能使新的环境要素成为生产资源,但从根本上来说,人类从环境中索取资源,仍应当在可再生环境要素的资源生产力、不可再生环境要素的储量和开发替代资源能力的建设等方面取得综合平衡。随着社会总消费的提高,仅仅保护环境是不够的,人类还必须主动地去建设环境,以加强环境生产,提高环境的污染消纳力和资源生产力。认识到污染消纳力和资源生产力对世界系统运行的基本参数地位,环境建设在可持续发展中的作用会日益重要,它应当被发展成为一种新的基础产业,才能使环境生产担负起其在可持续发展中的应有使命。在人口基数、消费水准一时难以降低,而社会总消费和社会生产力不断提高的现实前提下,加强环境生产最具紧迫性,最具长远意义。

2.2　三种生产的历史演进与认识发展

上述三种生产模式的形成以及人类对三种生产的认识并不是一蹴而就的,而是经历了一个漫长的发展演化过程,如图2.2所示。

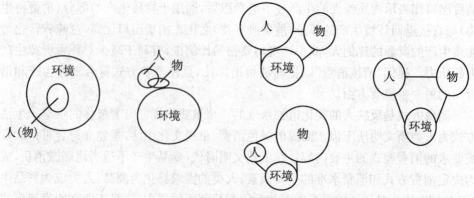

图 2.2　三种生产的演化过程示意图

古代文明时期,人类直接从自然界取得生活资料,人的生产和物质生产融为一体,人是自然之子,自然养育人类。这一阶段,在人类文化上广泛流行生殖崇拜。人口是最重要的财富,有些战争的目的不是为了掠夺财富,而是为了掠夺人口。这一时期的经济就是所谓的"牧童经济"。牧童经济极言自然之大,人类力量之小,人类在自然之中。

进入农业文明之后,社会生产力有所发展,剩余产品开始产生,人的生产和物质生产逐渐分离,三种生产的雏形基本形成。这一阶段,启蒙和人的觉醒是先进的社会思想,人本主义得到发展,人被视为万物的灵长。农业文明和工业文明以后,人的生产和物质生产不断膨胀,到资本主义社会,物质生产更是发展到鼎盛时期。这一阶段,社会以资为本,拜金主义流行,资本实施着对人与自然的双重榨取,异化现象广泛发生,人沦为物资生产的要素(劳动力)。

环境危机和资源匮乏的频繁出现标志着人类社会全面进入"飞船经济"时代。我们生存的"地球号"宇宙飞船频发的环境危机和资源匮乏,使得资源与环境的基础地位日益凸显,人类总结历史经验,呼唤三种生产的调和,呼唤可持续发展的新经济、新文明。

2.3 三种生产论与环境规划管理

2.3.1 三种生产论对环境规划管理的启示与指导意义

三种生产论揭示了人与环境系统的本质联系及相互联结的动态性、发展性,揭示了环境生产是人口生产和物质生产的前提和基础。

三种生产论揭示了环境问题的本质和根源是三种生产在输入—输出上的不平衡,以及由此产生的不稳定、不和谐,同时阐明了解决环境问题的途径和出发点。

三种生产论揭示了环境规划管理的目标和任务——使三种生产更调和,使物质流动更加畅通、均衡、匹配。

三种生产论明确了环境规划管理的主要领域是在多种多样的界面上,调控对象是三种生产各个系统的状态参量,通过控制这些参量才能保证三种生产的正常运行。

三种生产论奠定了环境规划与管理的方法论基础,表明人类必须掌握用自己的社会行为来管理自己的社会行为,要使物质在三种生产子系统之间流动畅通,应采取的方法学原则必须是协调与协同。把人类社会涉及三种生产的一切行为协同起来,把三个生产子系统自身的利益追求与世界系统物流畅通的要求协调起来。

2.3.2 三种生产论对环境规划与管理提出了新的要求

改造现有经济指标和核算体系,增加环境生产和三种生产协同的指标,使之体现三种生产协调的要求。

扩展传统的环境管理方法:将环境影响评价的范围扩展到生命周期评价、战略环境评价和生活领域。

加强环境生产和环境建设,从物质流的顺序出发,大力发展第零产业和第四产业。

 **阅读材料**

第零产业与第四产业

在自然环境严重破坏与人类生产能力异常巨大的今天,为保证经济与环境的协调,必须进行以下两种经济活动:一是维持或改善自然环境的生态环境建设行为,二是减少废物排放的废物再资源化行为。从产业角度看,可分别称为环境建设产业和废物再资源化产业。前者是其他所有经济活动的物质基础,也是传统第一、第二与第三产业能够顺利进行的前提条件,所以可称之为第零产业。后者是为了降低第一、第二与第三产业所排放的废物对自然环境的损害,从物质的流动方向上位于传统的三次产业之后,宜称为第四产业。

进行生态恢复、保护自然环境成为现阶段第零产业的首要任务,这是关系到人类生存与发展的一项极重要的基础设施建设,在人口数量、人均消费水平一时难以降低,而社会总消费和社会生产力又在不断提高的现实前提下,加强第零产业的建设力度最具紧迫性并最具长远意义。

第四产业是指广义的废物再资源化产业,它将人类生产与生活所排放的废物进行处理,使之变成可以继续利用的经济资源,或将其变成对环境无害的物质。因此,第四产业包括废物再资源化产业与废物无害化产业两大产业部门。显然,第四产业的内涵比传统意义上的废物再资源化产业丰富,后者的再资源化方向针对经济系统,而前者还包括再资源化或无害化于自然环境系统。总之,第四产业的作用对象为"废物",生产目的是为了减轻人类活动对环境的影响。

资料来源:王奇、叶文虎,培育第零产业与第四产业。

 复习思考题

1. 什么样的理论可以称为环境规划与管理的基础理论?环境规划与管理的基础

理论包括哪些内容？是不是唯一的？

2. 简述三种生产论的基本内容及其与环境规划管理的关系。

3. 资源利用率如何计算？有何意义？

4. 消费入口比和消费出口比是如何定义的？

5. 什么是环境生产？环境生产的提出有什么重要的理论和实践意义？

6. 什么是第零产业与第四产业？如果要在图 2.1 中表示它们的内容，要怎么做？

 参考文献

[1] 叶文虎,陈国谦.三种生产论:可持续发展的基本理论[J].中国人口、资源与环境,1997(2):14-18.

[2] 叶文虎,张勇.环境管理学[M].北京:高等教育出版社,2006.

[3] 王奇,叶文虎.人与环境系统的物质流模型研究[J].生态经济,2002(11):28-30,33.

[4] 王奇,叶文虎.培育第零产业与第四产业[J].经济参考研究,2002(31):35-36.

3 社会—经济—自然复合
生态系统(SENCE)理论

1984～1993 年期间,马世俊、王如松教授在《生态学报》等期刊先后发表《社会—经济—自然复合生态系统》《复合生态系统与可持续发展》等论文,系统阐述了社会—经济—自然复合生态系统理论。该理论全面探讨了人类—环境系统的基本特征、结构、功能、动力学机制、控制论原理等内容,可看做环境规划与管理的另一基础理论。

社会—经济—自然复合生态系统理论认为,人类社会不同于自然生物群落,它是一类以人的行为为主导,自然环境为依托,资源流动为命脉,社会体制为经络的人工生态系统,可称其为社会—经济—自然生态系统。

在当代若干重大社会问题中,无论是粮食、人口和工业建设所需要的自然资源及其相应的环境问题,都直接或间接关系到社会体制、经济发展状况及人类赖以生存的自然环境。近年来随着城市化的发展,城市与郊区的环境协调问题亦相应突出。虽然社会、经济和自然是三个不同性质的系统,都有各自的结构、功能及其发展规律,但它们的各自存在和发展,又受其他系统的结构、功能的制约。此类复杂问题不能只单一地看成是社会问题、经济问题或自然生态学问题,而是若干系统相结合的复杂问题,可称其为社会—经济—自然复合生态系统问题。

3.1 复合生态系统的特征

组成社会—经济—自然复合系统的三个子系统,均有各自的特性。社会系统受人口、政策及社会结构的制约,文化、科学水平和传统习惯都是分析社会组织和人类活动相互关系必须考虑的因素。价值高低通常是衡量经济系统与结构功能是否适宜的指标。在计划经济体系内,物质的输入输出、产品的供需平衡以及影响扩大再生产的资金积累速率与利润,则是分析经济经营水平的依据。自然界为人类提供的资源,随着科学技术的进步,在量与质方面,将不断扩大,但是有限度的。矿产资源属于非再生资源,不可能永续利用。生物资源是再生资源,但在提高周转率和大量繁殖中,亦受到时空因素及开发方式的限制。生态学的基本规律要求系统在结构上要协调,在功能方面要在平衡基础上进行循环不已的代谢与再生。违背生态工艺的生产管理方式将给自然环境造成严重的负担和损害。

再者,稳定的经济发展需要持续的自然资源的供给、良好的工艺环境和不断的技术更新。大规模的经济活动必通过高效的社会组织、合理的社会政策,方能取得相应的经济效果;反过来,经济振兴必然促进社会发展,增加积累,提高人类的物质和精神生活水平,促进社会对环境的保育和改善。自然社会和人类社会的此种互为因果的制约与互补关系,如图 3.1 所示。

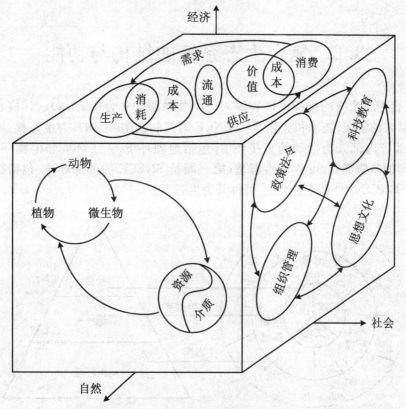

图 3.1　社会—经济—自然复合生态系统结构示意图

人类社会的经济活动涉及生产加工、运输以及供销。生产与加工所需的物质与能源依赖环境供给,消费的剩余物质又还给自然界。通过自然中物理的、化学的与生物的再生过程,供给人类生产需要。人类生产与加工的产品数量受自然资源可能提供的数量的制约。此类产品数量是否满足人类社会需要,做到供需平衡,而取得一定的经济效益,则取决于生产过程与消费过程的成本、有效性及利用率。显然,在此种循环不已的动态过程中,科学技术将发挥重要作用。因此,在产品核算和产品价值方面通常把科技投资及环境效益亦计算在内。

在此类复合系统中,最活跃的积极因素是人,最强烈的破坏因素也是人。因而它是一类特殊的人工生态系统,兼有复杂的社会属性和自然属性两方面的内容:一方面,人是社会经济活动的主人,以其特有的文明和智慧驱使大自然为自己服务,使其物质文化生活水平以正反馈为特征持续上升;另一方面,人毕竟是大自然的,其一切宏观性质的活动,都不能违背自然生态系统的基本规律,都受到自然条件的负反馈约束和调节。这两种力量间的基本冲突,正是复合生态系统的一个最基本特征。

3.2 复合生态系统的结构与功能

复合生态系统的结构可以理解为三个关系圈的集合(图3.2)。其核心圈是人,包括人的组织、技术和文化,是 SENCE 的控制机构,可称其为生态核;第二圈是 SENCE 内部人类活动的直接环境,包括地理环境、人工环境和生物环境,是 SENCE 的基质部分,可称为生态基;第三圈是 SNECE 的外部环境,包括源、汇、库,是 SENCE 的外部支持系统,可称其为生态库。

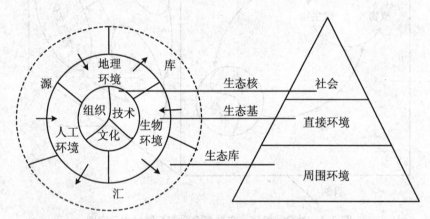

图 3.2　复合生态系统结构示意图

这三个圈是相互渗透、相互作用的。SENCE 不同于传统生态系统的地方在于,它有两层边界:内边界(即生态基的边界)有特定的空间范围,但不是一个完整的功能实体,其物流、能流、信息流和生物流主要依赖于外部环境支持;外边界是模糊边界,没有持续的空间范围,而只表示与内层的生态基有关的那些源、汇、库的影响范围。SENCE 研究的基本任务,一是要弄清基与库之间功能流关系的动力学特征(如图3.2中第二、三圈之间的箭头所示);二是要弄清核与基之间的控制论关系及调控方法。

SENCE 的功能可用图 3.3 中的八面体来表示。其顶点人(H)、生产(P)、生活(L)、资源(R)、环境(E)和自然(N)可分别表示 SENCE 的控制、生产、生活、供给、接纳和还原再生产六种功能。这六种功能可分为三类(图 3.4)。

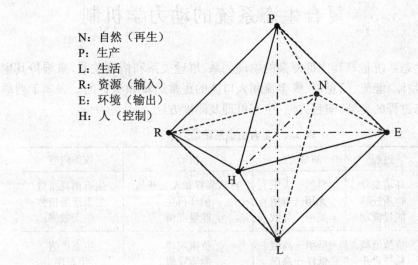

N：自然（再生）
P：生产
L：生活
R：资源（输入）
E：环境（输出）
H：人（控制）

图 3.3　复合生态系统的功能

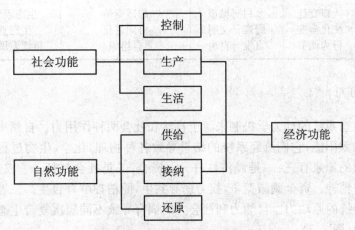

图 3.4　复合生态系统的功能归类

上述三类功能的相生相克构成了 SENCE 复杂的生态关系，包括：人与自然之间的促进、抑制、适应、改造关系，人对自然的开发、利用、加工、储存关系以及人类生产和生活活动中的竞争、共生、役使和隶属关系。

SENCE 功能主要由人与自然、生产和生活、资源与环境三类矛盾所支配，分别由图 3.3 中的 HN 轴、PL 轴和 RE 轴所代表。其中每一条轴的两端都是相生相克的,任何一端的过度增长都会给另一端造成不良的影响。当今世界上的环境问题,大多是由于这三对关系的不平衡所造成的。

3.3 复合生态系统的动力学机制

复合生态系统是靠其内部复杂的物理关系、事理关系和情理关系,来维持其生命力,驱动物流、能流、信息流、资金流和人口流的正常运转和演替的。表 3.1 列举了这些生态过程的类型、演替方向、生态机理及测度方法。

表 3.1 复合生态系统动力学

范畴	过程	演替方向	机理	攻关内容
物理	环境变化 物质迁移 能量流动	自然—人工 无用—有用 集中—分散	自然演替和人工开拓 循环再生 能量守恒	生态消耗指数 生态滞留指数 生态效率
事理	价值增减 科技进步 体制改革	低值—高值 低序—高序 链式—网式	价值规律 能质守恒 协同共生	生态价值 生态序 生态和谐度
情理	人口变迁 文化演变 行为调节	乡村—城市 野蛮—文明 自发—自为	趋适竞争 协同进化 自组织	生态吸引力 生态意识 持续发展能力

3.3.1 动力

复合生态系统的动力学机制来源于自然和社会两种作用力。自然力的源泉是各种形式的太阳能,它们流经系统的结果导致各种物理、化学、生物过程和自然变迁。社会力的源泉有三:一是经济杠杆——资金;二是社会杠杆——权力;三是文化杠杆——精神。资金刺激竞争,权力诱导共生,而精神孕育自生。三者相辅相成构成社会系统的原动力。自然力和社会力的耦合导致不同层次复合生态系统特殊的运动规律(图 3.5)。

能量是地球上一切地质、地理、水文、气候乃至生命过程的基础,生态系统在其形成、发育、代谢、生产、消费及还原过程中,始终伴随着能量的流动与转化。能量流经生态系统的结果并不是简单的生死循环,而是一种信息积累过程,其中大多数能量虽以热的形式耗散了,却以质的形式储存下来,记下了生物与环境世代斗争的信息。围绕能量环境、能量代谢、能量生产及能量流动开展的生态能的研究,自 20

世纪 80 年代以来在世界上十分活跃。它是进化生态学、生理生态学和系统生态学研究的一个核心议题，也是污染生态学、经济生态学及城市生态学的热门议题。

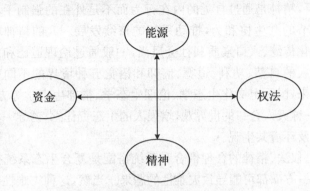

图 3.5　复合生态系统的动力学机制

　　货币是复合生态系统中一种奇妙的组合力。它是商品社会的产物。在自给自足的农业社会里，人们以土地为本，食物生产为纲，人与自然关系密切，货币的能动作用有限。工业革命以来的商品社会逐渐将人与自然分离，货币成为测度商品生产、消费效果以及全球性资产流通、支付和储藏的手段。产值、利润、税收、收入分别成为企业、政府及个人活动的主要目标。自从马克思揭示了资本剩余价值的秘密以来，社会对产品中人的劳动价值及其交换过程的公平性给予了较大关注，而对产品中凝聚的自然"劳动"或生态价值及其开发利用的公平性却很少问津。而后者正是导致当今全球资源枯竭、生态环境恶化、南北差距悬殊和世界贸易不公平性的根本原因。货币是调节复合生态系统生产、生活、生态功能的重要手段，怎样改革和完善一种包括劳动价值、生态价值及社会价值在内的价值体系，使其成为诱导全社会实现持续发展的积极动力，是当今生态经济学家所致力求索的重要目标。

　　权力是维持复合生态系统组织及功能有序的必要工具，它通过组织管理、规章制度、政策计划及法律条令等形式体现群众的意志和系统的整体利益。权力的正确导向将导致生态关系的和谐及社会的发达昌盛。新加坡 20 世纪 70 年代以来的经济腾飞和生态建设是正确运用系统权力实施管理的成功例子。权力的滥用将导致系统的生态经济灾难乃至毁灭。权利的运作一般是通过管理及阈值控制法来实现的。被管理者的行为超过一定的阈限允许范围，权力就会通过一定形式的强制手段，如行政的、经济的、法律的甚至军事的手段进行抑制，使其就范，并起到罚一儆百的效果。当权力的运作不能有效地促进系统的可持续发展，系统的无序程度超过一定的阈值时，系统就会产生结构的重组和权力的更迭，使新权力机构恢复系统应有的职能。传统的权力一般只限于政治、军事、家庭等涉及人与人之间关系的社会权力，而复合生态系统的权力还应包括处理人与自然关系的生态权力。掌权的执法者所代表的不仅是选民的社会权益,还应代表自然生态系统持续生存发展并服务于后代人及其他地区人的生态权力。

同权力相反,精神是通过自觉的内在行为而不是外在的强制手段去诱导系统的自组织、自调节的共生协和力,推动系统的持续发展。人的精神取决于特定时间、空间内的文化传统、人口素质和社会风尚,一般通过伦理道德和宗教信仰两种方式诱导,涉及人的自然、功利、道德、信仰和悟觉五种境界的不同耦合方式。20世纪 70 年代以来,国际上文化生态学、伦理生态学、精神生态学等方兴未艾,其核心就是要倡导一种天人合一的世界观,增强人的生态责任感,诱导一种生态合理的生产观、消费观及环境共生观。

能源、资金、权法、精神的合理耦合和系统搭配是复合生态系统持续演替的关键,偏废其中任一方面都可能导致灾难性的恶果。当然,这种灾难性的突变本身也是复合生态系统负反馈调节机制的一种,其结果必然促进人更明智地理解自己的系统,调整管理策略,但其代价是很大的。

 **阅读材料**

冯友兰先生的人生境界说

人与其他动物的不同,在于人做某事时,他了解自己在做什么,并且自觉地在做。正是这种觉解,使他正在做的事对于他有了意义。他做各种事,有各种意义,各种意义合成一个整体,就构成他的人生境界。如此构成各人的人生境界。不同的人可能做相同的事,但是各人的觉解程度不同,所做的事对于他们也就各有不同的意义。每个人各有自己的人生境界,与其他任何个人的都不完全相同。若是不管这些个人的差异,我们可以把各种不同的人生境界划分为四个等级。从最低的说起,它们是:自然境界,功利境界,道德境界,天地境界。

一个人做事,可能只是顺着他的本能或其所处社会的风俗习惯。就像小孩和原始人那样,他做他所做的事,然而并无觉解,或不甚觉解。这样,他所做的事,对于他就没有意义,或很少有意义。他的人生境界,就是我所说的自然境界。

一个人可能意识到他自己,为自己而做各种事。这并不意味着他必然是不道德的人。他可以做些事,其后果有利于他人,其动机则是利己的。所以他所做的各种事,对于他,有功利的意义。他的人生境界就是功利境界。

还有的人,可能了解到社会的存在,他是社会的一员。这个社会是一个整体,他是这个整体的一部分。有这种觉解,他就会为社会的利益做各种事,或如儒家所说,他做事是为了"正其义不谋其利"。他真正是有道德的人,他所做的都是符合严格的道德意义的道德行为。他所做的各种事都有道德的意义。他的人生境界就是道德境界。

最后,一个人可能了解到超乎社会整体之上,还有一个更大的整体,即宇宙。他不仅是社会的一员,同时还是宇宙的一员。他是社会组织的公民,同时还是孟子所说的"天民"。有这种觉解,他就会为宇宙的利益而做各种事。他了解他所做的事的意义,自觉他正在做他所做的事。这种觉解为他构成了最高的人生境界——天地境界。

这四种人生境界之中,自然境界、功利境界的人,是人现在就是的人;道德境界、天地境界的人,是人应该成为的人。前两者是自然的产物,后两者是精神的创造。自然境界最低,往上是功利境界,再往上是道德境界,最后是天地境界。它们之所以如此,是由于自然境界几乎不需要觉解,功利境界、道德境界需要较多的觉解,天地境界则需要最多的觉解。道德境界有道德价值,天地境界有超道德价值。

照中国哲学的传统,哲学的任务是帮助人达到道德境界和天地境界,特别是达到天地境界。天地境界又可以叫做哲学境界,因为只有通过哲学获得对宇宙的某些了解,才能达到天地境界。道德行为,并不单纯是遵循道德律的行为;有道德的人也不单纯是养成某些道德习惯的人。他行动和生活,都必须觉解其中的道德原理,哲学的任务正是给予他这种觉解。

生活于道德境界的人是贤人,生活于天地境界的人是圣人。哲学教人以怎样成为圣人的方法。成为圣人就是达到人作为人的最高成就。这是哲学的崇高任务。

中国哲学总是倾向于强调,为了成为圣人,并不需要做不同于平常的事。他不可能表演奇迹,也不需要表演奇迹。他做的都只是平常人所做的事,但是由于有高度的觉解,他所做的事对于他就有不同的意义。换句话说,他是在觉悟状态做他所做的事,别人是在无明状态做他们所做的事。由觉产生的意义,构成了他的最高的人生境界。

中国的圣人是既入世而又出世的,中国的哲学也是既入世而又出世的。随着未来的科学进步,宗教及其教条和迷信,必将让位于科学;可是人的对于超越人世的渴望,必将由未来的哲学来满足。未来的哲学很可能是既入世而又出世的。在这方面,中国哲学可能有所贡献。

资料来源:冯友兰.中国哲学简史[M].2版.北京:北京大学出版社,1996.

3.3.2   驱动机制

SENCE是靠其内部复杂的物理关系、事理关系和情理关系来维持其生命力,驱动物流、能流、信息流、资金流和人口流的正常运转和演替的。复合生态系统演替是自然演替和人为开拓两种力交叉作用的结果,受到多种生态因子的影响。其中主要有两类因子在起作用:一类是利导因子,一类是限制因子。当利导因子起主导作用时,各项人类活动竞相占用有利生态位,系统近乎呈指数增长(或 r 型增长),这时生态过程表现为对利导因子的争夺过程,包括对未被利用的资源、环境的开拓和不同人类活动间的竞争过程,旨在追求发展的速度或效率。随着生态位的迅速被占用,一些短缺性生态因子逐渐成为限制因子,发展的速度受到抑制,呈阈限型或 K 型增长,这时的生态过程表现为对限制因子的妥协过程,包括对可利用资源的循环再生和人类活动间的协同共生,旨在保持发展的稳定性。整个发展过程可用著名的 Logistic 曲线来说明(图 3.6),其动力学特征如表 3.2 所示。

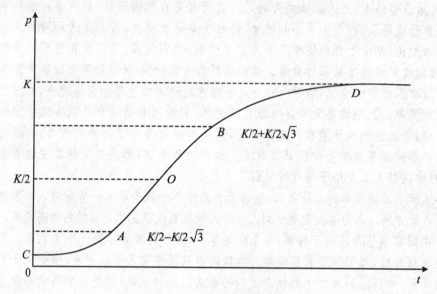

图 3.6　Logistic 增长曲线

表 3.2　Logistic 演变的动力学特征

p	0	$[0, K/2-K/2\sqrt{3}]$	$K/2-K/2\sqrt{3}$	$[K/2-K/2\sqrt{3}, K/2]$	$K/2$	$[K/2, K/2+K/2\sqrt{3}]$	$K/2+K/2\sqrt{3}$	$[K/2+K/2\sqrt{3}, K]$
$\dfrac{dp}{dt}=rp\left(1-\dfrac{p}{k}\right)$	0	增加	$rk/6$	增加	$rk/4$ 最大	减小	$rk/6$	减小
$\dfrac{d^2p}{dt^2}=rp\left(1-\dfrac{p}{k}\right)$ $\cdot\left(1-\dfrac{2p}{k}\right)$	0	增加	$\dfrac{r^2k}{6\sqrt{3}p}$ 最大	减小	0	减小	$\dfrac{-r^2k}{6\sqrt{3}}$ 最小	增加
演替阶段	孕育期	持续发展阶段						顶极期
		全盛期			成熟期			

从上述图表中可以看出 Logistic 增长中的动力学过程:一方面,系统在环境容量 K 的约束下,力争最大限度地发挥其内在潜力 r,使系统的发展速度尽可能保持在 O 点最大速度 $rk/4$ 附近;另一方面,系统尽可能远离风险最大的两端 $p=0$ 和 $p=K$,而采取保护性的"半好"对策,把发展拉向以 O 为中心的持续发展区 AB 以内,使其加速度保持稳定,而在孕育期 CA 内尽可能加快其速度。

由于 SENCE 有能动地改善其环境、突破限制因子束缚的趋向,通过改变优势"种",调整内部结构或改善环境条件等,环境容量被加大,旧的限制因子又逐渐让位给新的利导因子和限制因子,系统呈 S 型增长。整个系统就是在这种组合 S 型增长中演替进化的(图 3.7)。图 3.7 中,Ⅰ 型增长只有发展而无平衡机制,是一种不能持久的发展,迟早会由于限制因子的作用受阻或崩溃;Ⅱ 型增长只有平衡而发展过慢,生命力低,迟早会被新的过程所取代;Ⅲ 型增长具有持续的发展能力和一定的平衡机制,能自动跟踪变化着的环境,具有较高的过程稳定性,尽管从物理意义上说它是发散的。

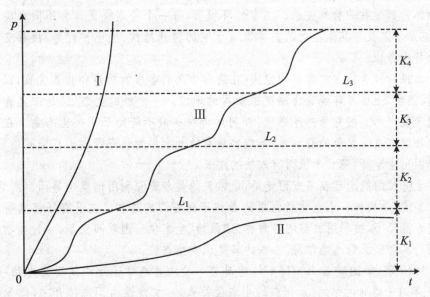

图 3.7 SENCE 发展的几种不同过程

组合 S 型增长的动力学方程可写成:

$$\frac{\mathrm{d}p}{\mathrm{d}t} = r_i \times \left(p - \sum_{j=1}^{i-1} K_j \right) \left(\sum_{j=1}^{i} K_j - p \right) / K_i$$

它是由分段连续的 Logistic 型增长曲线组合而成的,每一段内禀增长率 r_i 和新增环境容量 k_i 都不尽相同,段与段之间一般有一定变区 l_i。其过渡期间的长短 l_i 以及 r_i 和 k_i 的大小决定了整个系统的持续发展能力和过程稳定性。

生 态 位

　　生态位(Ecological Niche)是一个物种所处的环境以及其本身生活习性的总称。每个物种都有自己独特的生态位,借以跟其他物种作出区别。生态位包括该物种觅食的地点,食物的种类和大小,还有其每日的和季节性的生物节律。生态位是指一个种群在生态系统中,在时间、空间上所占据的位置及其与相关种群之间的功能关系和作用,表示生态系统中每种生物生存所必需的生境最小阈值。

　　生态位的内容包含区域范围和生物本身在生态系统中的功能与作用,1924年由格林内尔首创,并强调其空间概念和区域上的意义。1927年埃尔顿将其内涵进一步发展,增加了确定该种生物在其群落中机能作用和地位的内容,并主要强调该生物体对其他种的营养关系。在自然环境里,每一个特定位置都有不同种类的生物,其活动以及与其他生物的关系取决于它的特殊结构、生理和行为,故具有自己的独特生态位。

　　如每一种生物占有各自的空间,在群落中具有各自的功能和营养位置,以及在温度、湿度、土壤等环境变化梯度中所居的地位。一个种的生态位,是按其食物和生境来确定的。按竞争排斥原理,任何两个种一般不能处于同一生态龛。在特定生态环境中赢得竞争的胜利者,是能够最有效地利用食物资源和生存空间的种,其种群因出生率高、死亡率低而有较快的增长。

　　生态位的概念已在多方面使用,最常见的是与资源利用谱概念等同。所谓"生态位宽度"是指被一个生物所利用的各种不同资源的总和。在没有任何竞争或其他敌害情况下,被利用的整组资源称为"原始"生态位。因种间竞争,一种生物不可能利用其全部原始生态位,所占据的只是现实生态位。

　　1910年,美国学者R·H·约翰逊第一次在生态学论述中使用生态位一词。1917年,J·格林内尔的《加州鸫的生态位关系》一文使该名词流传开来,但他当时所注意的是物种区系,所以侧重从生物分布的角度解释生态位概念,后人称之为空间生态位。1927年,C·埃尔顿著《动物生态学》一书,首次把生态位概念的重点转到生物群落上来。他认为:"一个动物的生态位是指它在生物环境中的地位,指它与食物和天敌的关系。"所以,埃尔顿强调的是功能生态位。1957年,G·E·哈钦森建议用数学语言、抽象空间来描绘生态位。例如,一个物种只能在一定的温度、湿度范围内生活,摄取食物的大小也常有一定限度,如果把温度、湿度和食物大小三个因子作为参数,这个物种的生态位就可以描绘在一个三维空间内;如果再添加其他生态因子,就得增加坐标轴,改三维空间为多维空间,所划定的多维体就可以看作生态位的抽象描绘,可称之为基本生态位。在自然界中,因为各物种相互竞争,每一物种只能占据基本生态位的一部分,可称之为实际生态位。

后来 R·H·惠特克等人建议在生态位多维体的每一点上,还可累加一个表示物种反应的数量,如种群密度、资源利用情况等。于是,可以想象在多维体空间内弥漫着一片云雾,其各点的浓淡表示累加的数量,这样就进一步描绘了多维体内各点的情况。再增加一个时间轴,还可以把瞬时生态位转变为连续生态位,使不同时间内采用相同资源的两物种,在同一多维空间中各占不同的多维体;如果进一步把竞争的其他物种都纳入多维空间坐标系统,所得结果便相当于哈钦森的实际生态位。

生态平衡时,各个生物的生态位原则上不重合。若有重合,那么必然是不稳定的,它必然会通过物种间的竞争来削减生态位的重叠,直到平衡为止。竞争,比如相似生态位的入侵物种的进入,会导土著物种存在区域减少。如果存在区域太小,会导致一个物种的灭绝。

资料来源:百度百科。

3.4 复合生态系统的控制论

SENCE 研究的最终目的就是根据下述生态学原理去找出生态问题的症结,在外部投入有限的情况下,通过各种技术的、行政的和行为诱导的手段去调节系统内部不合理的生态关系,提高系统的自我调节能力,实现因地制宜的持续发展。

考察各类自然和人工生态系统,可以发现如下生态控制公理:

公理 1(循环原则) 世间一切产品最终要变成废物;世间任一"废物"必然是生物圈中某一部分有用的"产品"。"废物"的过多或过少会引起一系列的生态问题。

因此,生产产品时,要考虑到其"废物"的流通的全过程,发现其潜在用途或影响,变废为宝;处理"废物"时要注意其在全局中的作用,不要引起一系列对系统有害的连锁反应。

公理 2(生克原则) 一切有生命力的生物都通过竞争夺取资源,求得其生存发展,通过共生节约资源,求得其稳定。缺乏其中任何一种生克机制的种都是没有生命力的种,必然会被其他物种相"乘"、相"侮"或取代。

蝗虫种群具有极强的食物竞争力而缺乏与环境及其他物种共生的机制,其种群增长到一定的规模必然会崩溃;熊猫种群食性单一,"与世无争",缺乏资源竞争和环境应变能力,因而面临着灭绝的危险。

公理3(平衡原则) 一切生物都有某种限制因子或负反馈机制约束其发展,都有某种利导因子或正反馈机制促进其发展。过程稳定的生态系统中,这种正负反馈机制相互平衡。

因此,在生态系统调控中,要特别注意那些利导因子和限制因子的动向,注意正反馈环和负反馈环的位置和反馈强度。

公理4(自适应原则) 一切生物都有抓住最适机会尽快发展和力避风险求得最大保护的战略战术。

从表3.2和图3.6所描绘的 Logistic 曲线中可以看出,进入 AB 区段后,离最适点 $p=k/2$ 处越近,种群增长的速度越大,而速度的变化率越小,离两端风险点 $p=0$ 和 $p=k$ 越近,种群背离这两点的加速度越大。而在 CA 区段内加速度逐渐加大以尽快逃离 $p=0$ 的风险,BD 区段内速度下降率放慢以保持其一定的发展速度,阻止其接近 $p=k$ 的风险。

表3.3中列举了 SENCE 发展中的问题、调控原理、方法、手段和目标。这里的高效指高的物质能量转化率,高的可再生资源的利用效率,高的时间、空间、劳力、资金利用效率;公平的关系包括区域、国家之间,这一代和下一代人之间,行业、部门之间,经济效益和环境效益之间,以及结构和功能之间的平衡和谐的关系;强的生命力包括资源的可再生能力,抗环境干扰能力,系统的多样性,信息反馈的灵敏性,强的生态意识和自学习自组织能力等。

表 3.3 复合生态系统控制论

问题	原理	对策	方法论	目标
资源的低效利用	再生、竞争	技术改造	生态工艺学	高的效率
系统关系的不合理	共生协同进化	关系调整	生态规划学	公平的关系
自我调节能力低下	自生、自学习	行为诱导	生态管理学	强的生命力

3.5 复合生态系统的研究方法与衡量指标

复合系统是由相互制约的三个系统构成的,由此,衡量此系统的标准,首先看其是否具有明显的整体观点,把三个系统作为亚系统来处理。这就要求:

① 社会科学和自然科学各个领域的学者打破学科界限,紧密配合,协同作战。未来的系统生态学家,应是既熟悉自然科学,又接受社会科学训练的多面手。

② 着眼于系统组分间关系的综合,而非组分细节的分析,重在探索系统的功

能、趋势,而不仅在其数量的增长上。

③ 冲出传统的因果链关系和单目标决策办法的约束,进行多目标、多属性的决策分析。

④ 针对系统中大量存在的不确定性因素以及完备数据取得的艰巨性,需要突破决定性数学及统计数学的传统方法,采用宏观微观相结合、确定性与模糊性相结合的方法开展研究。

一般来说,复合生态系统的研究是一个多维决策过程,是对系统组织性、相关性、有序性、目的性的综合评判、规划和协调。其目标集是由三个亚系统的指标结合衡量的,即:

① 自然系统是否合理,看其是否合乎于自然界物质循环不已、相互补偿的规律,能否达到自然资源供给永续不断,以及人类生活与工作环境是否适宜与稳定。

② 经济系统是否有利,看其是消耗抑或发展,是亏损抑或盈利,是平衡发展抑或失调,是否达到预定的效益。

③ 社会系统是否有效,考虑各种社会职能机构的社会效益,看其是否行之有效,并有利于全社会的繁荣昌盛。从现有的物质条件(包括短期内可发掘的潜力)、科学技术水平以及社会的需求进行衡量,看政策、管理、社会公益、道德风尚是否为社会所满意。

综合上述三个目标,不难看出复合系统的衡量指标,就是在经济生态学原则的指导下,拟定具体的社会目标、经济目标和生态目标,使系统的综合效益 B 最高,导致危机的风险 R 最小,存活进化的机会 O 最大,用数学规划的语言表示,可以写成:

$$\max \{B(\pmb{X},\pmb{Y},\pmb{Z}), -R(\pmb{X},\pmb{Y},\pmb{Z}), O(\pmb{X},\pmb{Y},\pmb{Z})\}$$
$$\text{s. t. } G(\pmb{X},\pmb{Y},\pmb{Z}) \leqslant 0$$

其中,$\pmb{X},\pmb{Y},\pmb{Z}$ 分别表示社会变量、经济变量和环境变量(向量形式)。

约束条件集 G 受所研究的地区及所研究的时间范围内具体的社会、经济、自然条件及规划者的具体目标所约束,它可以是物质的(如人口、资金、能量、资源等),亦可以是信息的(如政策、科技、文教、满意程度等),但须通过一定的数量化方法转换成标准值。

复习思考题

1. 三种生产论与社会—经济—自然复合生态系统理论是什么样的关系?

2. 如何理解复合生态系统的结构与功能?

3. 复合生态系统的动力学包括哪些内容?

4. 人的精神境界与环境管理学有什么样的关系？

5. 如何理解"己所不欲，勿施于人"和"他所不欲，勿施于人"？

 参考文献

[1] 马世俊，王如松. 社会—经济—自然复合生态系统[J]. 生态学报，1984(1)：1-9.

[2] 马世骏，王如松. 复合生态系统与可持续发展[M]. 北京：科学出版社，1993：230-239.

[3] 王如松，周启星，等. 城市生态调控方法[M]. 北京：气象出版社，2000.

4 环境承载力、产业生态学和环境管理的基本原理

4.1 环境承载力理论

4.1.1 环境容量

环境容量,即某一环境在一段时间内能够容纳的不使环境质量低于特定阈值的污染物的最大量,也即环境在保证其健康要求的情况下所能接纳的污染物的最大量。环境容量是一个复杂的、反映环境净化能力的量,在环境规划中多有应用。完整认识环境容量需要研究环境的自净机制,对环境进行长期监测,但也可以将环境作为一个黑箱,暂时不管其机制,用浓度标准值和背景浓度值之差表示单位介质的环境容量。如对一个封闭的湖泊,可用 $Q=W(C_s-C_0)$ 近似表示其环境容量,这里,Q 为该湖泊对某种污染物的环境容量,W 为湖水的容积,C_s 为该湖水对应的污染物浓度标准,C_0 为湖水中该污染物的监测浓度。有时,可以将某一环境的环境容量简化表述为该环境的允许排放量。

在环境规划和管理的历史上,应用区域环境容量进行污染控制是一个进步。着眼于单个污染源和单个行业的浓度控制和单位产值排放量控制,不能控制区域排放总量,致使污染物排放超出环境容量。将区域环境作为一个整体考虑,直接将区域环境质量与环境容量挂钩,在此基础上,进一步制定区域允许排放量和削减量,可以更加有效地控制区域性的环境污染。

环境容量概念存在一定的局限性。环境问题不仅仅是污染问题,环境的功能也不仅仅是污染物的容纳功能。环境的功能是多方面的,纳污只是环境功能的一部分。除此之外,环境还可以提供能源、食品、水源及其他资源支持功能。按照前面三种生产论的说法,环境生产有两个基本参量——污染消纳力和资源生产力。显然,上述环境容量的概念不能全面描述、综合反映人与环境相互作用的复杂关系。

在其他相关学科中有一些相似的概念,如人口的土地承载量、草地载畜量(草地载畜量=可维持的牧草产量/单位牲畜食草量)等。这些概念的共同特点是只注

意了环境或土地的单项功能(纳污、资源支持),因此只是反映人类与环境单一功能关系的指标。

考虑到环境与人类社会经济活动的复杂支持功能和制约关系,需要扩展单项指标的内容,提出更加综合地衡量人与环境相互作用关系的指标。

4.1.2 环境承载力

环境承载力是环境科学的一个重要而又区别于其他学科的概念,它反映了环境与人类的相互作用关系,在环境科学的许多分支学科可以得到广泛的应用。环境承载力概念可以通过几个具体的参量表示:

① 环境承载量(Environmental Bearing Quantity,简写为EBQ),即某一时刻环境系统实际承受的人类系统(主要指社会和经济系统)的作用量值。在实际工作中,更关心这一作用的极限值,即环境承载力。

② 环境承载力(Environmental Bearing Capacity,简写为EBC),指某一时刻环境系统所能承受的人类社会、经济活动的阈值(最大作用量),是反映环境系统对人类系统综合作用承受能力的参量。

③ 环境承载率(Environmental Bearing Rate,简写为EBR),即某一时刻环境系统环境承载量与环境承载力的比值。

环境承载力是环境系统功能的外在表现,即环境系统依靠能流、物流和负熵流来维持自身的稳态,有限地抵抗人类系统的干扰并重新调整自组织形式的能力。在考虑环境承载力时,掌握人类活动的作用方式和阈值是关键。

环境系统能够承受多大的社会经济活动不仅取决于环境系统自身的结构、功能(如净化能力、自我稳定、耐受冲击、自我恢复等),也取决于人类社会经济活动的方向、方式、规模、强度。环境承载力是描述环境状态的重要参量,但它既不是纯粹描述自然环境特征的量,也不是纯粹描述社会经济系统的量,而是反映人与环境相互作用的界面特征的量,是研究环境与社会经济是否协调的判据。环境承载力的特征表现为时间性、区域性及与人类社会经济行为的相关性。不同的时刻、不同的地点对不同的人类社会经济行为具有不同的环境承载力。环境承载力既是一个客观的表现环境特征的量,又与人类的主观经济行为息息相关。

将环境承载力看作函数,它至少应包含时间、环境系统的结构功能特征以及人类社会经济行为的规模与方向三个自变量,即:

$$EBC = F(T, S, B)$$

在特定的时刻和空间范围内,环境系统自身的特征可视为定值,环境承载力随人类社会经济行为变化。在环境规划与管理方面,这意味着可以通过调整人类社会经济行为来扩大环境承载力。

4.1.3 环境承载力的量化与应用

环境承载力是一个多维向量,每一个分量也可能有多个指标,主要分为三部分:

① 资源供给指标,包括水、土地、生物量、能源供给量等。

② 社会影响指标,包括经济实力(如固定资产投资与拥有量)、污染治理投资、公用设施水平、人口密度、社会满意程度等。

③ 环境容纳指标,包括排污量、绿化状况、净化能力等。

在实际应用中可以进一步列出更加具体的指标,进行分区定量研究。以环境承载力为约束条件,对区域产业结构和经济布局提出优化方案,可以使人类社会经济行为与资源环境状态相匹配,不断改善环境,提高环境承载力,以同样的环境创造更多的财富。

综上所述,环境的功能不仅是纳污,环境还有资源支撑等承受人类社会经济活动综合作用的能力。环境系统承受人类活动的作用量存在一定的阈值,该阈值取决于环境系统的自然状态,也取决于人类作用的方向、规模、方式等。用一定的指标可以进行环境承载力的量化研究,研究的成果可以作为判断人类活动与环境条件协调与否以及怎样进行协调的依据。环境承载力理论是环境规划与管理领域的重要基础理论,其有重要的应用价值。

4.2 产业生态学

4.2.1 产业生态学的概念

产业生态学起源于 20 世纪 80 年代末 Robert A. Frosch 等人模拟生物的新陈代谢过程所开展的"工业代谢"研究。他们认为,现代工业生产过程就是一个将原料、能源和劳动力转化为产品和废物的代谢过程。N. E. Gallopoulos 等人进一步从生态系统的角度提出了"产业生态系统"和"产业生态学"的概念。1991 年,美国国家科学院与贝尔实验室共同组织了全球首次"产业生态学"论坛,对产业生态学的概念、内容和方法以及应用前景进行了全面、系统的总结,基本形成了产业生态学的概念框架,认为"产业生态学是研究各种产业活动及其产品与环境之间相互关系的跨学科研究"。

20 世纪 90 年代以来,产业生态学发展非常迅速,尤其是在可持续发展思想日益普及的背景下,产业界、环境学界、生态学界纷纷开展产业生态学理论方法的研究和实践探索。产业生态学思想和方法也在不断扩展。1992 年 Hardin 提出产业生态学是"产业界的环境议程",是解决全球环境问题的有力手段。王如松从"社会——经济——自然复合生态系统"的理论出发,认为"产业生态学是一门研究社会生产活动中自然资源从源、流到汇的全代谢过程,组织管理体制以及生产、消费、调控行为的动力学机制、控制论方法及其与生命支持系统相互关系的系统科学"。

1997 年由耶鲁大学和麻省理工学院(MIT)共同合作出版了全球第一本《产业生态学杂志》。该刊主编 Reid Lifset 在发刊词中进一步明确了产业生态学的性质、研究对象和内容,认为"产业生态学是一门迅速发展的系统科学分支,它从局地、地区和全球三个层次上系统地研究产品、工艺产业部门和经济部门中的能流和物流,其焦点是研究产业界在降低产品生命周期过程中的环境压力中的作用,产品生命周期包括原材料的采掘与生产、产品制造、产品使用和废弃物管理"。

美国生态学会主席 Judy L. Meyer 于 1996 年在美国生态学会第 81 届年会上,将产业生态学(Industrial Ecology)列为未来生态学发展的五个前沿领域之一。国际产业界,尤其是一些国际性的大企业集团,如美国电报电话公司(AT&T)、Motorola 公司、国际商用机器公司(IBM)等普遍认为,产业生态学将带来一场新的产业革命。

产业生态学的研究与应用涉及三个层次:宏观上,它是国家产业政策的重要理论依据,即围绕产业发展,如何将生态学的理论与原则融入国家法律、经济和社会发展纲要中,促进国家以及全球生态产业的发展;中观上,它是企业生态能力建设的主要途径和方法,其中涉及企业的竞争能力、管理水平、规划方案等,如企业的"绿色核算体系"、"生态产品规格与标准"等;微观上,则是具体产品和工艺的生态评价与生态设计。因此,产业生态学既是一种分析产业系统与自然系统、社会系统以及经济系统相互关系的系统工具,又是一种发展战略与决策支持手段。

产业界一般认为,产业生态学是指将生态学原则应用于工业产品系统,研究各种工业活动、工业产品与环境之间的相互关系,从而改善现有工业生产系统,设计新的产品生产系统,为人类提供对环境无害的产品和服务。产业生态学要求按生态经济原理组织基于生态系统承载能力、具有高效的经济过程及和谐的生态功能的网络型、进化型产业——生态产业。它通过两个或两个以上的生产体系或环节之间的系统耦合,使物质、能量能多级利用、高效产出,资源、环境能系统开发、持续利用。产业生态学将为产业转型、企业重组、产品更新提供新的方法论基础。

4.2.2　产业生态学组合、孵化及设计生态产业的原则

横向耦合——不同工艺流程间的横向耦合及资源共享,变污染负效益为资源正效益。

纵向闭合——从源到汇再到源的纵向耦合,集生产、流通、消费、回收、环境保

护及能力建设为一体,第一、二、三产业在企业内部形成完备的功能组合。

区域耦合——厂内生产区与厂外相关的自然及人工环境集成为产业生态系统或复合生态体,逐步实现废弃物在系统内的全回收和向系统外的零排放。

柔性结构——灵活多样、面向功能的结构与体制,可随时根据资源、市场和外部环境的波动调整产品、产业结构及工艺流程。

功能导向——以企业对社会的服务功能而不是以产品为经营目标,谋求工艺流程和产品的多样化。

软硬结合——配套的硬件、软件和心件研究开发体系、决策咨询体系、管理服务体系及人才培训体系,配合默契的决策管理、工程技术和营销开发人员。

自我调节——以生态控制论为基础,能自我调节的决策管理机制、进化策略和完善的风险防范对策。

增加就业——合理安排和充分利用劳动力资源,增加而不是减少就业机会。

以人为本——工人一专多能,是产业过程的自觉设计者和调控者而不是机器的奴隶。

信息网络——内外信息及技术网络的畅通性、灵敏性、前沿性和高覆盖度。

4.2.3　生态产业园(Eco-Industrial Park,简写为 EIP)

产业生态学不仅仅研究产业系统,更关注产业系统与自然系统的相互关系,目的就是在自然系统的承载能力内,充分利用自然资源。通过对一定地域空间内不同工业企业之间,以及工业企业、居民和自然生态系统之间的物质、能源的输入与输出进行优化,在该地域内对物质与能量进行综合平衡,形成内部资源、能源高效利用,外部废物最小化排放的可持续的地域综合体。具体来说,就是指通过企业之间、企业与社区之间的密切合作,合理、有效地利用当地资源(信息、物质、水、能量、基础设施和自然栖息地)以达到经济获利、环境质量改善和人力资源提高的目的,这就是产业生态学中的生态产业园的概念。

生态产业园是实现生态产业和产业生态学的重要途径。生态产业园通过模拟自然系统建立产业系统中"生产者—消费者—分解者"的循环途径,实现物质闭路循环和能量梯级利用。通过分析产业园区内的物流和能流,模拟自然生态系统,建立产业生态系统的"食物链"和"食物网",形成互利共生网络,实现物流的"闭路再循环",达到物质能量的最大利用。在这样的体系中,不存在"废物",因为一个企业的"废物"同时也是另一个企业的原料,因此可以实现整个体系向系统外的零排放。生态产业园的思想可应用于大型联合企业、产业园区、工业集中城镇的设计和改造,通过对区域内物流、能流的分析,从局部改善到整体优化,不断提高产业群落的效率和共生水平。

卡伦堡生态产业园

丹麦的卡伦堡镇(Kalundborg)工业综合体可以说是一个典型的高效、和谐的产业生态园。卡伦堡镇距哥本哈根西部约 100 公里,2 万人。20 世纪 80 年代初,以燃煤发电厂向炼油厂和制药厂供应余热为起点,开始进行工厂之间的废弃物再利用的合作。1982 年起,发电厂就把多余的工业用热变成蒸汽提供给炼油厂。在同一年里发电厂又通过蒸汽管道与卡伦堡的生物技术企业集团连接起来,这些热水对生物反应器起到消毒杀菌作用,同时发电厂通过一个远距离供热网为卡伦堡镇上的家庭取暖提供热量。燃煤发电厂 1993 年开始使用脱硫设备,产生的硫酸钙直接卖给石膏板厂,用来代替天然硫酸钙生产石膏。炼油厂把用过的冷却水提供给发电厂,用作预热锅炉的用水,炼油厂在生产过程中形成的液化气被送到发电厂和生产石膏的工厂。经过多年的滚动发展和优化组合,目前该系统已成为一个包括发电厂、炼油厂、生物技术制品厂、塑料板厂、硫酸厂、水泥厂、种植业、养殖业和园艺业,以及卡伦堡镇的供热系统在内的复合系统,如图 4.1 所示。各个系统章(企业)之间通过利用彼此的余热,净化后的废水、废气,以及硫、硫化钙等副产品作为原材料等,一方面实现了整个镇的废弃物产生最小化;另一方面,各个系统章均从相互合作中降低了生产成本,获得了直接的经济效益。这种合作模式并没有通过政府渠道干预,工厂之间的交换或者贸易都是通过民间谈判和协商解决的。有些合作基于经济利益,有些则基于基础设施的共享。通过企业之间的横向合作,节省了 10 倍的开支。年节约石油 45 000 吨、煤 15 000 吨、水 60 万吨,减排二氧化碳

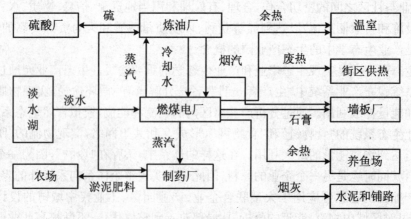

图 4.1　卡伦堡企业群落图

17.5 万吨、二氧化硫 10 200 吨。每年有 13 万吨粉煤灰、4 500 吨硫、9 万吨石膏、1 440 吨氮和 600 吨磷被再生利用。20 年间 16 项废弃物再生工程投资 6 000 万美元,年增收效益 1 000 万美元。各企业在合作的初期主要追求经济利益,但近年来却更多地考虑了生态环境效益和社会效益,促进了邻里合作、企业共生、社会和睦。当然在某些情况下,环境管理制度的制约也刺激了对废弃物的再利用,最终促成了各方合作的可能性。

贵糖生态产业园

广西贵港有 70 000 户蔗农,100 多个糖厂,全市经济的 50% 与制糖有关。贵港糖业集团成立于 1954 年,20 世纪 90 年代拥有职工 3 800 人,是全国最大的国有制糖企业。由于制糖的污染和资源浪费一直比较严重,为解决这一问题,贵糖集团成立了一系列子公司,由这些子公司形成企业群落,循环利用废物,从而减少污染并获得经济效益。这些子公司包括:制糖厂、酿酒厂、纸浆厂、造纸厂、碳酸钙厂、水泥厂、发电厂及蔗田。该生态工业园由两条主链组成:甘蔗—制糖—废糖蜜制酒精—酒精废液制复合肥—复合肥回施甘蔗田,以及甘蔗—制糖—蔗渣造纸—碱回

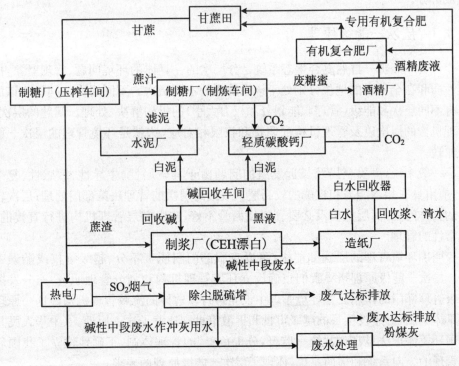

图 4.2　贵糖生态产业园企业群落图

收。副线工业链有：制糖滤泥—水泥，造纸中段废水—锅炉除尘、脱硫、冲灰，碱回收白泥—碳酸钙等。贵糖形成共生企业，充分利用了副产品。共生企业各种产品的年产量为：糖12万吨，纸8.5万吨，酒精1万吨，水泥33万吨，碳酸钙2.5万吨，化肥3万吨，碱8 000吨。20世纪90年代末，除制糖以外，各共生企业的收益占总公司收益的40％。在环保方面，实现了水的递级和循环利用、能量的热电联产。

资料来源：杨建新，王如松.产业生态学的回顾与展望[J].应用生态学报，1998(5).

4.3　环境管理的基本原理

管理科学中有许多基本原理，本书从环境管理体制、机制和过程设计的角度，提出三个原理，将它们列入环境规划与管理的基础理论。它们是层次—能级原理、定向诱导原理、封闭回路原理。这是我们前面所讲的物理、事理、情理当中事理的组成部分。

4.3.1　层次—能级原理

社会—经济—自然复合生态系统是分层次的。具体的环境问题、管理对象，按其性质和在全局中的地位分别处于该系统中的不同层次。不同层次的问题应该由具有不同层次和能级（管理职能划分和权力大小）的机构解决、处理。问题的层次、管理机构的层次以及管理机构的职责和权限相对应，这就是环境管理的层次—能级原理。

一般来说，事关全局及长远发展的问题由于其全局性、主导性、敏感性、复杂性，应由具有相当能力和权威的较高层次或最高层次的管理决策部门处理；层次较低的具体问题，高层机构没必要管或反而管不好，应由基层管理机构进行直接的、经常性的管理。

明确环境管理的层次和能级，可以克服部门间职责不分、越级争权或贻误工作。层次—能级原理指导我们正确设立环境管理机构和划分管理职责，充分发挥各级管理部门的作用。在环境管理中设立跨行政边界的流域管理机构是这一原理的具体应用，对建设项目的越级审批和拆散审批则违背了这一原理。《中华人民共和国环境保护法》规定的"统一监督，分工负责"的管理体制，正确地建立了我国环境管理的纵向系统和横向系统，体现了层次—能级原理的要求。

4.3.2　定向诱导原理

在环境管理中,"向"即有利于环境保护、人与自然和谐发展的方向;"诱"和"导"即对有利于环境保护的行为的促进与推动,对不利于环境保护的行为的制止与纠正。定向诱导原理即根据经济、社会、环境协调发展的导向战略,采取规划、政策、法律、信息、经济、教育等多种手段,诱导人们的意识和行为向有利于发展、资源、环境三者统一的方向发展。

政策调整—利弊权衡—动机—行为—后果,这是行为科学揭示的人类行为、后果与管理政策之间的因果关系。定向诱导原理的关键内涵就是动机与效果的统一和效益与损失的权衡。这一原理对环境管理的政策设计有重要指导意义。

4.3.3　封闭回路原理

管理过程要形成一个命令、执行、监督、反馈的回路,才能发挥效力,这就是环境管理的封闭回路原理。如果管理过程大敞口,则如没有闭合的电路,不能正常工作。再好的法律规定,如果只停留在纸上、墙上,也不可能发挥作用。就我国的环境管理来说,有立法、守法方面的问题,但执法方面的问题最突出。监督执法不严具有象征意义,一个违法事件的监督处罚不严可能引发一连串的违法事件,可能导致整个管理体系的失效。加强环境保护现场监督执法(监察)和稽查工作,努力建立当地环境保护的法律秩序和群众监督渠道,是各级环境保护部门的重要工作内容。封闭回路原理对环境管理过程、制度、程序的设计有重要的指导意义。

复习思考题

1. 简述环境承载力概念与环境容量概念的异同。
2. 为什么说环境承载力既是描述环境系统特征的量,又是描述环境与人类相互关系的量?
3. 简述产业生态学的基本概念和生态产业的基本原则。
4. 层次能级原理、封闭回路原理、定向诱导原理对环境管理有什么实际意义?

参考文献

[1] 唐剑武,郭怀成,叶文虎.环境承载力及其在环境规划中的初步应用[J].中国环境科学,1997(1):6-9.

[2] 唐剑武,叶文虎.环境承载力的本质及其定量化初步研究[J].中国环境科学,

1998(3):227-230.

[3] 杨建新,王如松.产业生态学的回顾与展望[J].应用生态学报,1998(5):555-561.

[4] 王如松,杨建新.产业生态学和生态产业转型[J].世界科技研究与发展,2000(5):24-32.

[5] 王震,刘晶茹,王如松,杨建新.生态产业园理论与规划设计原则探讨[J].生态学杂志,2004(3):152-156.

5 关于环境问题形成和解决的社会过程的基本理论

现代社会是一个高度组织化的社会。任何社会活动、社会过程都有其自身的规律性。这属于社会学的研究范畴。任何环境规划与管理活动都是在一定的社会环境中进行的,都有其回应社会关注、动员社会舆论、制定和实施社会政策、取得社会效果的过程。任何环境管理的政策策略都要考虑在实际社会中实施的过程和效果。环境问题的形成和解决也有其自身的规律性,这些规律性在环境社会学中得到揭示。环境管理者期望实施有效的环境管理,必须了解和熟悉这样的社会机制和过程,自觉运用相关规律。本书根据《中国大百科全书——环境科学卷(修订版)》中环境社会学的主要词条,阐述关于环境问题形成和解决的社会过程的相关内容。这些内容也属于环境规划与管理的基础理论。

5.1 环境问题研究中的社会建构主义方法

建构原为认知心理学术语,意为人的认识活动不仅依赖于认知对象的性质,而且依赖于认知主体的认知状态和原有认知图式,人的认识是主体与对象在相互作用中共同建构而形成的,其最基本的机制是认知图式的"同化"与"顺应"。与机械反映论认为认识是对象在人脑中的镜像反映相比,建构论在承认人脑的反映机制的基础上,更加强调主体原有认知图式的作用,强调主体因素对认识过程和结果的影响,大致接近于能动反映论,但后者更强调认识来源于对象的本质和对对象本质的理性把握。建构论将认识的形成视为一个多因素综合作用的过程,比较全面、真实地反映了认识的实际过程和规律,对认识论的研究产生较大的影响。

社会建构主义是环境社会学中的一种新的理论观点。这种观点认为,社会对自然环境和环境问题的反应是多因子综合作用的过程。这里的"社会反应"包含两个超越,一是超出了个体反应进入社会群体甚至社会整体反应;二是超出了认识论和认知心理学的范畴,进入了社会学和社会实践领域,不仅包括社会对环境和环境问题的认识,而且也包括针对这些问题的社会行动。社会建构主义观点特别重视一些社会因素,如权力、利益结构、科学、文化、社会心理、传播媒体、重大事件等对于社会的环境认识和行为的影响作用,认为社会对环境问题的反应不是其中某一要素单独作用的结果,而是互动和共同作用的结果,甚至认为环境问题本身也是一个社会建构物,颇有一些因缘际会的意味。明确提出社会建构主义观点具有重要的理论和实践意义,它为全面、具体地考察各种相关因素对环境主张的影响和在环境主张建构中的作用提供了一个视野开阔、具有较强包容性的理论框架,有利于将社会对环境问题的反应过程和认识与评价活动在社会中的实际运作过程的研究具体化,丰富关于环境问题的社会反应的认识。Hannigan 的著作《环境社会学:社会建构主义观点》,比较系统地展现了这种观点的主要内容和应用领域。

5.2 环境问题的社会建构

传统观点认为,环境问题是由于环境状况的现实或可能变化给社会共同生活带来的障碍或环境与社会关系的失调,有自身的物质基础。但从环境社会学的观点来看,环境问题并不能物化自身,它们必须经过社会性的建构,被认定为令人担心且必须采取行动加以对付的情况,才能构成社会问题。环境问题的社会建构(Social Construction of Environmental Problem)即环境问题的发现、社会定义,获得社会关注、认可和引发社会行动的过程。这是一个多因素决定的过程。

Hannigan 认为,环境问题的社会建构一般可分为三个阶段:

① 环境问题的发现和形成。环境问题的最初发现可能来自当地居民、工作和业余爱好与自然环境密切相关的农民、渔民、保护区管理员、垂钓者等,有些环境问题则直接来自科学发现。在为问题定名,将它从其他相似或混杂的问题中区分出来,确立关于环境问题的科学、技术、道德和法律基础,确定采取改善行为的责任人等环境问题的形成过程中,科学的权威确认和环境主张立论者的创造性努力具有十分重要的作用。对新的全球环境问题尤其如此。现代环境主张立论者多以专业研究和管理人员、环境保护团体的形式出现,他们具有选择和精心制作环境问题的能力,并与立法者和大众媒体保持密切的制度化联系。

② 环境问题的提出。使环境问题传送到公共舞台是高度竞争性的。它有两个重要任务,一是使问题获得关注,二是使之合法化。为了引起注意,一个环境问题必须看上去新奇、重要和容易理解。一个有效方式是使用图解唤起言辞或视觉想象。环境问题有时因为一些特别事变和事件而产生特殊情境和效果,如大规模的社会经济和政治事件、全国性的灾害或流行病、工业和核事故、一项重要政策的出台等。一个事件如能搅起媒体注意、卷入部分政府权力、需要政府决策、不被公众作为反常事件或偶然事件而忽略,或与大量市民的个人利益有关,则可能成为一

个环境问题。这些属性部分是事件自身的功能,但也依赖于相关事件被环境促进者成功利用。科学发现和证据本身不总能有效地推动一个环境问题跨过合法化的转折点,环境问题的合法化还需要其他条件的配合,如需要借用专门的知识和声望,需要重新确定范围,如从一个道德问题变为一个法律问题,使之建立影响力和保持独特性等。

③ 环境问题的竞争。环境问题获得合法性,并不会自动保证采取减缓行动。在世界环保实践中,环境问题列入政策议程但未获得进一步政策行动的例子比比皆是,如需要从大规模资本利益和政府部门拿出资源,就更是如此。许多因素可以对一个问题流产于决策点或行动点产生影响。如国家经济危机的开始可以导致问题被拖延,然后被放弃。一个严重的问题可以被转化为一个不太重要的政策事务。政府部门内的建议者可用各种策略保证一个问题不会立即采取行动,如拖延讨论、提出一个需要进一步研究或修改的项目等。作为后果,在一个环境问题上唤起行动需要继续进行竞争,以寻求有效的法律和政策变化。尽管科学支持和媒体关注继续构成重要条件,但问题主要在政策舞台内竞争。一个政策方法要能生存,需具备以下基本标准:必须使立法者信服这种方法是技术上可行的,至少在开始时要表现出科学和政策上的可行性;必须符合决策者的价值观。竞争注意力,和其他立论者结成联盟,选择支持资料,说服持反对意见者,扩大责任范围,是环境问题竞争阶段需要完成的主要工作。

环境问题获得成功建构需要六个必要条件:① 科学的权威性确认。一种环境状况要成功地转化成一个问题,没有来自科学的肯定数据支持是不可能的,对新的全球环境问题就更是如此。② 拥有有效的科学普及者。将迷人但深奥的研究成果转化成富有活力的环境主张,吸引编辑、出版家、政治领导人和其他立论者。③ 必须受到媒体的关注,并被处理得真实而重要。④ 问题在象征性和视觉方面的戏剧化,使某种突出的形象压缩复杂的争议,简洁、醒目、易于理解和激发强烈的道德情感。⑤ 必须存在采取积极行动的可见的物质利益动机,获得有关利益团体的支持。⑥ 出现能够保证合法化和持续性的制度倡议者。

5.3 环境风险建构

环境风险建构(Construction of Environmental Risk)是指个人、组织和社会参与和完成环境风险的感知、评价、定义和接受的过程。

一般认为,环境风险是由自然原因和人类活动引起,通过环境介质传播,能对人类社会及自然环境产生破坏、损害甚至毁灭性后果的可能事件及其危害;环境风险能被客观决定；这种决定属于工程师、科学家和其他专家的职权；一般市民应完全接受这种决定，否则就是不理智的；因此，环境风险评价被看做一种技术活动，其结果以"概率"语言描述。

但社会学家发现，环境风险的感知随面临不同生活机会的人群而不同，如老板和工人对同一工作环境、居民和企业家对同一建设项目可能作出不同的环境风险评价。环境风险感知的形成还受到周围朋友、家庭、同事以及其他公众人物、大众媒体等社会环境的影响。现代社会环境风险接受的典型情况是，公众从广播和报刊上获得主要内容，它来自某个好像很权威的科学来源，然后进入现有的关于健康和家庭安全的知识记忆里。M·道格拉斯和A·瓦多夫斯基在《风险与社会：技术与环境危险的选择》中认为，人们之所以强调特定的风险而忽视其他风险，污染之所以被社会中这么多人选择为风险关注对象，其根源在于文化。我们的社会主要有三种组织形式，在不同的组织形式中，对风险的感应是不同的：市场自由主义主要关心股市的涨落，等级主义主要关心对国内法律、秩序或国际权力均衡的威胁，平等主义则关心环境状态。因此，公共关注对环境风险选择的基础较少地取决于科学证据的深度或危险的可能性，更多地根据哪一种声音在评价和处理环境风险问题上取得主导地位。

一些温和的风险社会学家认为，尽管风险肯定是一个社会文化的建构，但并不限于感知和社会建构。在现代社会中，环境风险已被组织进社会组织系统之中，技术风险分析仍然是风险的社会处理的完整过程的一个组成部分。世界观的作用像不同的文化镜头，可以放大一些危险，而遮掩另一些危险。

将风险处理为由社会结构力量决定的社会建构主义观点认为，环境风险的社会定义包括三个要素：① 造成风险的客体；② 被推定的伤害；③ 将某些客体和伤害连接在一起的关系。由于三者都存在不确定性，因此，真正的定义都是竞争性的，可以激发起不同甚至是对立的主张，竞争的中心基础是由风险客体产生的伤害的出现或消失。环境风险的这种间接性、复杂性和不确定性特点为社会建构提供了空间。

环境风险的建构是在立法、管理、司法、科学、大众媒体等"社会舞台"上进行的。风险承担者、风险承担者的辩护人、风险制造者、风险研究者、风险仲裁人、风险通告者是舞台上的基本角色，风险知识的普及者则是舞台上的放大器。这些角色向决策者提出各自的环境风险主张，希望借此影响环境风险的决策。已建立的官方管理机构起促进、监督和协调作用。

最重要的风险建构活动发生于专业人员的社会舞台。科学家、工程师、律师、医生、政府官员、企业经理、政策执行者等技术专家是风险的主要建构者。公众意见常常只在设定日程的后期阶段得到考虑。在制度化的风险评价中，公司和政府部门进行竞争与协商,共同设定一个可接受的风险定义。

不同公共舞台间存在复杂的联系和反馈,在这种互动中,关键人物和机构发挥重要作用,使少数成功的环境风险问题占据同一时期的大多数舞台空间。

环境风险仲裁系统是有很强科学基础但同时受环境主义者、公司和政府参与者之间意识形态冲突驱动的混合物。它们依据科学结论建立了一种可变的尺度,但很多关键的决策只有在政治语境中才能理解和解决。

权力在环境风险的建构中起主导作用。官方观点具有通向大众媒体的良好渠道,有权阶层可能采取信息轰炸、设定谈话日程与内容、设置特殊的物质环境等方式抑制、转移公众的讨论和关心;科学家和官员被允许指导讨论、设置风险日程。因此,流行的关注和风险框架服从于社会中有权阶层的偏好。制度化的风险分析家和管理者也在较广泛的范围行使权力,他们控制官方风险日程,决定哪些问题进入或排除于公共话语之中。

由于经济状况、政治组织、管理结构、历史传统和文化信念不同,各国的环境风险建构有所不同。如牛生长激素在美国已获准使用,而在西欧一直被认为具有环境风险而受到有效禁止。有人比较了加拿大和美国对 7 种有争议的可疑致癌物的政府管理过程,发现加拿大的管理过程倾向于封闭、非正式和双方一致,有利于保持科学审慎,但有可能使政治决策掩盖在科学争议当中;美国多采取公开、法律化和对立的方式,更易于受压力集团的影响,而对科学家的依赖性较弱。国际比较研究提供了风险决定和评价是被社会建构的进一步证据。在决定哪些环境状况将被判定为风险并可以采取行为方面,国家政策结构和方式具有和科学主张自身特点同样重要的作用。

5.4 环 境 主 张

环境主张(Environmental Claim)是某些个人、群体和组织对某一环境问题的原因、结果、性质和解决方案的看法及明确提出的需要采取行动的要求。环境主张立论(Environmental Claim Making)是立论者利用一定的时机、资源和技巧形成、提出环境主张并使之取得公众关注,列入政策议程的过程。

环境主张的内容一般包括:① 背景或基本事实资料,包括设定问题范围的定义、易于使人理解其基本情况的例子、表示其重要性及发展可能性范围和程度的数字估计等。② 为需要采取的行为进行论证的理由,如可能提出无辜的受害者、强调与过去情况的联系或将主张与人的基本权利等联系起来。③ 提出需要改善或根除一个环境问题的行动的要求,这一点最后必须靠现存的管理制度或建立提出这些政策的新机构来形成新的社会控制政策。

环境主张的其他特点：① 集中体现问题特征的象征物。即用某种形象、程度、道德和实践特点强化主张的某些方面的意义，增添其感染力，如将臭氧层耗竭比喻为"空洞"、"定时炸弹"等。② 措辞战略。即有意识地使用精心挑选和组织的言辞以达到说服他人的目的。常见的措辞方式包括：需要环境问题受到价值和道德关注的公正式措辞——在对象较极端、经验较少和主要需要以一种新的方式看待一个问题时较为有效；认为某个主张将使对象获得某类具体效益的理性措辞——当立论者较成熟、主要效益是针对具体政策议程且对象比较理智时使用，在环境问题建构的后续阶段工作得最好；照搬历史经验的原型措辞——由于有成功的先例，具有相当的说服力。③ 主张提出的方式。立论者必须根据不同的情境和对象使用相应的方式，如科学式、喜剧式、夸张式、世俗式、守法式、亚文化式等。

对于立论者(Claim Maker)，研究表明，医务工作者、科学家由于职业关系经常接触环境问题及其受害者，并拥有一定的知识、能力、威望和时间、机会，常常在环境主张的立论中扮演重要角色；政治家、公共法律公司、创造新概念、计划和基金来源的公务员，由于职业责任、需要和可从中获得好处，也常常扮演立论者的角色；其他的立论者包括职业环保团体，大众媒体等。环境社会学在识别立论者的身份时关注的问题主要有：定论者属于哪个组织、社会运动、职业或利益团体？他们代表自身利益还是第三者利益？他们是新手还是老手？

立论过程，一般认为有两种模式：① 自然历史模式。该模式认为环境主张立论由三个连续跳跃的阶段性活动构成：主张的形成——即立论者发现或选择某个问题形成自己的主张，发展顾客，集中建议，传播信息和技能；主张的合法化——借用专门知识和声望，重新定义问题(如从一个道德问题变为一个法律问题)，确立独特性，建立声望；主张的证明——竞争注意力，和其他立论者结成联盟，选择支持资料，说服持反对意见者，扩大责任范围。这三个阶段不是首尾相接而是部分重叠的，共同导致围绕一个环境主张建立起公共舞台。② 生态竞争模式。该模式认为在环境主张确立的每一阶段都存在与其他对立的主张竞争合法性，为获得公众关注和列入政策日程，使问题得到最终解决竞争注意力和社会资源的情况。与自然历史模式侧重检查一个环境主张自身发展过程不同，该模式更强调环境主张与其形成环境间的互动关系，认为立论者有意识地修改其环境主张，以适应在竞争中取胜的要求，如给主张以新奇、戏剧化和简洁的包装或为主张建立一个政治上可接受的措辞框架等。环境状态的变化、重大社会事件的影响、有关的科学新发现对立论的成功与否关系密切。

考虑到公众的接受性，一个公认的环境主张的成功应具备四个关键因素：独特性或区别性——指公众从具有相似特点的其他事物中分辨出这个问题的程度，要获得这种效果,采用适当的措辞策略和建立明确的标志是重要的;相关性——指一个具体的环境问题与一般公众相关的程度,这一点对不能直接感受到的全球环境问题更困难;重要性——指受威胁的地方、人或事物在公众心目中的地位,一些重要的、具有标志意义的物种、景点、遗迹受到威胁比一般对象受到威胁往往更能受到公众的关注;普及性——指一个特殊问题被公众熟知的程度,媒体的报道、环境积极分子的宣传在其中扮演重要的角色。上述因素是相互联系的,如不促进一个主张的重要性,普及性可能最终在一般公众当中产生问题疲劳。特别是如果新发展尚未来临,即使一个问题既明显又相关也是这样。

社会学家建议在研究环境主张立论过程时关注如下问题:立论者提到谁? 是否有其他立论者提出对立主张? 受众将什么关心和利益带入问题,它们如何影响受众对主张的反应? 主张的特点和立论者的身份如何影响受众的反应?

复习思考题

1. 什么是认识的建构? 什么是环境问题的社会建构? 如何理解二者的关系?
2. 环境问题的社会建构主义理论对深化环境管理学的研究内容有什么意义?
3. 环境问题的社会建构主义理论对环境规划与管理机构和从业人员的角色认知有什么启示?

参考文献

[1] 田良. 环境影响评价研究:从技术方法、管理制度到社会过程[M]. 兰州:兰州大学出版社,2004.

[2] 汉尼根. 环境社会学[M]. 2 版. 洪大用,等,译. 北京:中国人民大学出版社,2009.

[3] 田良. 环境问题的社会建构[M]//中国大百科全书:环境科学卷. 修订版. 北京:中国大百科全书出版社,2002:197.

[4] 田良. 环境风险建构[M]//中国大百科全书:环境科学卷. 修订版. 北京:中国大百科全书出版社,2002:155.

[5] 田良. 环境主张[M]//中国大百科全书:环境科学卷. 修订版. 北京:中国大百科全书出版社,2002:235.

第 2 篇　环境管理

6 中国环境管理的发展历程和管理体制

6.1 中国环境管理的发展历程

中国的环境管理与中国的环境保护工作经历了大体一致的发展历程。这段历程可划分为如下五个历史阶段。

6.1.1 萌芽阶段(1949～1973年)

新中国成立初期,中国政府主要面临解决旧中国遗留下来的环境问题的任务,存在局部性新产生的生态破坏和环境污染,环境问题不突出。

20世纪50年代末至60年代初"大跃进"时期,特别是全民大炼钢铁和国家大办重工业时期,造成了比较严重的环境污染和生态破坏。

"文化大革命"时期,环境污染和生态破坏明显加剧。经济建设强调数量,忽视质量,片面追求产值,不注意经济效益,导致浪费资源和污染环境;一些新建项目布局不合理;一些城市不从实际出发,盲目发展,加剧了城市的污染;为了解决吃饭问题,一些地区片面强调"以粮为纲",毁林毁草、围湖围海造田等问题相当突出。

1972年联合国召开斯德哥尔摩第一次人类环境会议后,我国高层决策者开始认识到中国也同样存在着严重的环境问题,需要认真对待。

6.1.2 起步阶段(1973～1983年)

1973年8月,国务院召开第一次全国环境保护会议,通过了"全面规划、合理布局、综合利用、化害为利、依靠群众、大家动手、保护环境、造福人民"的环境保护工作32字方针和我国第一个环境保护文件——《关于保护和改善环境的若干规定》。我国的环境保护事业开始起步。

1973年,国家计委、国家建委、卫生部联合批准颁布了我国第一个环境标准——《工业"三废"排放试行标准》,为开展"三废"治理和综合利用工作提供了依据。

1978年,五届人大一次会议通过的《中华人民共和国宪法》规定:"国家保护环境和自然资源,防治污染和其他公害。"这是新中国历史上第一次在宪法中对环境保护作出明确规定,为我国环境法制建设和环境保护事业开展奠定了坚实的基础。同年 12 月中共中央批转了国务院环境保护领导小组的《环境保护工作汇报要点》,第一次以党中央的名义对环境保护工作作出指示。

1979 年 9 月,五届人大十一次常委会通过新中国的第一部环境保护基本法——《中华人民共和国环境保护法(试行)》,我国的环境保护工作开始走上法制化轨道。

6.1.3　发展阶段(1983～1995 年)

1983 年 12 月,国务院召开第二次全国环境保护会议,明确提出保护环境是我国的一项基本国策,制定了我国环境保护事业"三同步、三统一"的战略方针:经济建设、城乡建设、环境建设同步规划、同步实施、同步发展,实现经济效益、环境效益、社会效益的统一,标志着中国环境保护工作进入发展阶段。

1989 年 4 月,国务院召开第三次环境保护会议,提出积极推行深化环境管理的五项新制度和措施,连同继续实行的三项老制度,使中国环境管理走上科学化、制度化的轨道。

1992 年联合国环境与发展大会后,我国在世界上率先提出了《环境与发展十大对策》,第一次明确提出转变传统发展模式,走可持续发展道路;随后又制定了《中国 21 世纪议程》《中国环境保护行动计划》等纲领性文件,可持续发展战略成为我国经济和社会发展的基本指导思想。

1993 年 10 月,全国第二次工业污染防治工作会议总结了工业污染防治工作的经验教训,提出了工业污染防治必须实行清洁生产,实行三个转变,即由末端治理向生产全过程控制转变,由浓度控制向浓度控制与总量控制相结合转变,由分散治理向分散与集中控制相结合转变。这标志着我国工业污染防治工作指导方针发生了新的转变。

6.1.4　深化阶段(1995～2006 年)

党的十四届五中全会、十五大和十五届三中全会提出实施可持续发展战略,实行计划经济体制向社会主义市场经济体制,粗放型经济增长方式向集约型经济增长方式两个根本性转变,可持续发展成为指导国民经济社会发展的总体战略,环境保护成为改革开放和现代化建设的重要组成部分。1996 年 7 月,国务院召开第四次全国环境保护会议,国务院做出了《关于加强环境保护若干问题的决定》,明确了跨世纪环境保护工作的目标、任务和措施。江泽民总书记发表重要讲话,指出"保护环境的实质是保护生产力",这次会议确定了坚持污染防治和生态保护并重的方针,实施《污染物排放总量控制计划》和《跨世纪绿色工程规划》两大举措。全国开始展开了大规模的重点城市、流域、区域、海域的污染防治及生态建设和保护工程。环境保护工作进入了崭新的阶段。

1997年后,中央连续三年就人口、环境和资源问题召开座谈会,党和国家领导人直接听取环保工作汇报。江泽民总书记强调:环保工作必须党政一把手"亲自抓、负总责",做到责任到位,投入到位,措施到位;要求建立和完善环境与发展综合决策、统一监管和分工负责、环保投入、公众参与四项制度,把环保工作纳入制度化、法治化的轨道。

中国跨世纪的环保目标是:到2000年,力争使环境污染和生态破坏加剧的趋势得到基本控制,部分城市和地区的环境质量有所改善。到2010年,基本改变生态环境恶化的状况,城乡环境质量有比较明显的改善,建成一批经济快速发展、环境清洁优美、生态良性循环的城市和地区。

实现上述目标必须切实落实以下措施:一、坚定不移地实施可持续发展战略;二、坚定不移地完成"一控双达标"任务;三、认真实施《跨世纪绿色工程规划》,继续抓好"33211"工程;四、加强城市环境保护;五、下大力气加强生态环境保护工作;六、建立和完善综合决策、统一监督与齐抓共管、环境投入、公众参与四项制度,继续强化环境法制、环境投入、环境宣教、环境科技四个关键环节;七、继续开拓国际环境合作交流新局面;八、提高环境的执法监督管理能力,提高环境执法队伍的素质,加强环境监督管理的信息能力、监测能力、执法能力是今后环保工作根本性的任务。

2002年1月,第五次全国环境保护会议召开。

2002年,我国第一部循环经济立法——《清洁生产促进法》出台,标志着我国污染治理模式由末端治理开始向全过程控制转变。

2002年10月28日,《中华人民共和国环境影响评价法》由中华人民共和国第九届全国人民代表大会常务委员会第三十次会议通过,自2003年9月1日起施行。

2005年12月3日,国发〔2005〕39号文件《国务院关于落实科学发展观加强环境保护的决定》颁布。

阅读材料

"一控双达标"与"33211"工程

"一控双达标"是1996年《国务院关于环境保护若干问题的决定》中确定的2000年要实现的环保目标。"一控"指的是污染物总量控制,即各省、自治区、直辖市要使本辖区二氧化硫、工业粉尘、化学耗氧量、汞、镉等 12 种主要工业污染物的排放量控制在国家规定的排放总量指标内。"双达标"指的是：工业污染源要达到国家或地方规定的污染物排放标准；空气和地面水按功能区达到国家规定的环境质量标准。按功能区达标指的是城市中的工业区、生活区、文教区、商业区、风景旅游区、自然保护区等,分别达到相应的环境质量标准。

"九五"期间,国家确定了污染治理工作的重点——集中力量解决危及人民生活、危害身体健康、严重影响景观、制约经济社会发展的环境问题。污染防治以水和大气为主,水污染防治重点抓三河(淮河、辽河、海河)、三湖(太湖、滇池、巢湖),大气污染防治重点抓"两控区"(二氧化硫控制区和酸雨控制区),城市环境保护重点抓北京,海洋环境保护重点抓渤海。以上任务简称"33211"工程。

6.1.5 新时期发展阶段(2006 年至今)

2006 年 4 月 17 日至 18 日召开的第六次全国环境保护大会是环境保护工作进入新的历史发展阶段的一个重要标志。这一新阶段有两个重要特征：一是人口资源环境问题成为我国社会主义初级阶段的主要矛盾之一;二是国家对处理环境保护与经济社会发展关系的指导思想进行了重大调整,把环境保护摆在了更加重要的战略地位上。

第六次全国环保大会分析了我国当前环境污染严重的三个原因：一是对环境保护重视不够,主要是没有正确认识和处理好经济发展与环境保护的关系、当前与长远的关系、局部与全局的关系。由于重视不够,投入不足,环保欠账多,不少地方环境治理明显滞后于经济发展,该治理的不治理,边治理边破坏。二是产业结构不合理,经济增长方式粗放。三是环境保护执法不严,监管不力。环境保护执法中有法不依、执法不严、违法不究的现象还比较普遍,对环境违法处罚力度不够,违法成本低、守法成本高。一些地方不执行环境标准,甚至存在地方保护主义。

第六次全国环保大会提出,新时期环境保护必须实现"三个转变"：一是从重经济增长轻环境保护转变为保护环境与经济增长并重,把加强环境保护作为调整经济结构、转变经济增长方式的重要手段,在保护环境中求发展。二是从环境保护滞后于经济发展转变为环境保护与经济发展同步,做到不欠新账、多还旧账,改变先污染后治理、边治理边破坏的状况。三是从主要用行政办法保护环境转变为综合运用法律、经济、技术和必要的行政办法解决环境问题,自觉遵循经济规律和自然规律,提高环境保护工作水平。

围绕新时期环境保护的目标和主要任务,针对"三个转变"的要求,《国务院关于环境保护若干问题的决定》和第六次全国环保大会构建了一个完整的环境保护对策体系。这个对策体系包括五个方面：① 加强对环境保护工作的领导。② 促进经济社会与环境协调发展。③ 严肃法制,加强执法能力建设。④ 动员社会力量保护环境。⑤ 加强科学技术和环保产业支撑能力。这五个方面的对策措施是对我国三十多年环境保护经验的总结,是相互促进、缺一不可的,是新时期全面推进环境保护工作的需要。

为深入贯彻落实科学发展观,加快推动经济发展方式转变,提高生态文明建设水平,2011 年 10 月 17 日,国务院以国发〔2011〕35 号印发《关于加强环境保护重点工作的意见》。该《意见》分全面提高环境保护监督管理水平、着力解决影响科学发展和损害群众健康的突出环境问题、改革创新环境保护体制机制三部分,提出了加强环境保护重点工作的 16 条意见:① 严格执行环境影响评价制度。② 继续加强主要污染物总量减排。③ 强化环境执法监管。④ 有效防范环境风险和妥善处置突发环境事件。⑤ 切实加强重金属污染防治。⑥ 严格化学品环境管理。⑦ 确保核与辐射安全。⑧ 深化重点领域污染综合防治。⑨ 大力发展环保产业。⑩ 加快推进农村环境保护。⑪ 加大生态保护力度。⑫ 继续推进环境保护历史性转变。⑬ 实施有利于环境保护的经济政策。⑭ 不断增强环境保护能力。⑮ 健全环境管理体制和工作机制。⑯ 强化对环境保护工作的领导和考核。

2011 年 12 月 20 日至 21 日,第七次全国环境保护大会召开。

阅读材料

历次全国环境保护会议

第一次全国环境保护会议(1973 年 8 月 5 日至 20 日) 由国务院委托国家计委在北京组织召开,揭开了中国环境保护事业的序幕。会议通过了《关于保护和改善环境的若干规定》,确定了"全面规划、合理布局、综合利用、化害为利、依靠群众、大家动手、保护环境、造福人民"的"32 字方针",这是我国第一个关于环境保护的战略方针。

第二次全国环境保护会议(1983 年 12 月 31 日至 1984 年 1 月 7 日) 由国务院召开;将环境保护确立为基本国策;制定经济建设、城乡建设和环境建设同步规划、同步实施、同步发展,实现经济效益、社会效益、环境效益相统一的指导方针,实行"预防为主,防治结合""谁污染,谁治理"和"强化环境管理"三大政策;此外,初步规划出到 20 世纪末中国环境保护的主要指标、步骤和措施。会议具有鲜明中国特色,推进了我国环境保护事业的发展。

第三次全国环境保护会议(1989 年 4 月 28 日至 5 月 1 日) 由国务院召开;评价了当时的环境保护形势,总结了环境保护工作的经验,提出了新的五项制度,加强制度建设,以推动环境保护工作上一新的台阶;提出要加强制度建设,深化环境监管,向环境污染宣战,促进经济与环境协调发展。

第四次全国环境保护会议(1996年7月) 由国务院召开;提出保护环境是实施可持续发展战略的关键,保护环境就是保护生产力。国务院做出了《关于加强环境保护若干问题的决定》,明确了跨世纪环境保护工作的目标、任务和措施。江泽民总书记发表重要讲话,指出"保护环境的实质是保护生产力"。这次会议确定了坚持污染防治和生态保护并重的方针,实施《污染物排放总量控制计划》和《跨世纪绿色工程规划》两大举措。全国开始展开了大规模的重点城市、流域、区域、海域的污染防治及生态建设和保护工程。环境保护工作进入了崭新的阶段。

第五次全国环境保护会议(2002年1月8日) 由国务院召开;提出环境保护是政府的一项重要职能,要按照社会主义市场经济的要求,动员全社会的力量做好这项工作。会议的主题是贯彻落实国务院批准的《国家环境保护"十五"计划》,部署"十五"期间的环境保护工作。

第六次全国环境保护大会(2006年4月17日至18日) 由国务院召开。国务院总理温家宝发表重要讲话时强调,保护环境关系到我国现代化建设的全局和长远发展,是造福当代、惠及子孙的事业。我们一定要充分认识我国环境形势的严峻性和复杂性,充分认识加强环境保护工作的重要性和紧迫性,把环境保护摆在更加重要的战略位置,以对国家、对民族、对子孙后代高度负责的精神,切实做好环境保护工作,推动经济社会全面协调可持续发展。会议提出了"三个转变",一是从重经济增长轻环境保护转变为保护环境与经济增长并重,把加强环境保护作为调整经济结构、转变经济增长方式的重要手段,在保护环境中求发展。二是从环境保护滞后于经济发展转变为环境保护与经济发展同步,做到不欠新账、多还旧账,改变先污染后治理、边治理边破坏的状况。三是从主要用行政办法保护环境转变为综合运用法律、经济、技术和必要的行政办法解决环境问题,自觉遵循经济规律和自然规律,提高环境保护工作水平。这是做好新时期环保工作的关键,是实现环保目标和任务的保证。

第七次全国环境保护大会(2011年12月20日至21日) 由国务院召开;是在加快转变经济发展方式的攻坚时期,为系统总结"十一五"环保工作,贯彻落实中央经济工作会议精神、《国务院关于加强环境保护重点工作的意见》和《国家环境保护"十二五"规划》,全面部署"十二五"环境保护工作任务召开的一次重要会议。国务院副总理李克强出席大会并发表了重要讲话;31个省(区、市)人民政府和新疆生产建设兵团,以及华能、大唐、华电、国电、中电投、国家电网、中石油、中石化(集团)公司主要负责人在会上正式签署了"十二五"主要污染物总量减排目标责任书,标志着"十二五"减排任务层层分解并落实到地方政府、各有关企业集团。

国务院有关环境保护工作的五个决定

从 1981 年到 2005 年,国务院就环境保护工作共发布了五个重要决定,这些决定是不同时期指导我国经济、社会与环境协调发展的纲领性文件。

①《国务院关于在国民经济调整时期加强环境保护工作的决定》(国发〔1981〕27 号)。

②《国务院关于环境保护工作的决定》(国发〔1984〕64 号)。

③《国务院关于进一步加强环境保护工作的决定》(国发〔1990〕65 号)。

④《国务院关于环境保护若干问题的决定》(国发〔1996〕31 号)。

⑤《国务院关于落实科学发展观加强环境保护的决定》(国发〔2005〕39 号)。

6.2 中国环境管理机构发展沿革

我国环境管理机构从 20 世纪 70 年代初期开始设立,以 1972 年在斯德哥尔摩召开的联合国第一次人类环境会议为起点,经历了一个不断发展和强化的过程。

1972 年,国家计委成立国务院环境保护领导小组筹备办公室,标志着中国的环境管理机构从无到有的最初创建。

1973 年 10 月,国务院环境保护领导小组正式成立。各省、自治区、直辖市和国务院有关部门也陆续建立起环境管理机构和环保科研、监测机构。

1982 年,国务院第一次机构改革,在城乡建设环境保护部设立环境保护局,标志着中国环境管理机构进入政府序列。

1984 年,国务院成立国务院环境保护委员会,领导组织协调全国环境保护工作。

1988 年,国务院第二次机构改革,国家环境保护局设立,并被确定为国务院直属机构,标志着中国环境管理机构的独立设置。

1993 年,国务院第三次机构改革,成立国家环境保护总局,开始设立省一级政府环境保护局。

1998 年,国务院第四次机构改革中设立国家环境保护总局,撤销国务院环境保护委员会,承担组织协调职能,以环境执法监督为基本职能,加强了环境污染防治和自然生态保护两大领域管理职能。在地方政府机构改革中,明确环保部门属于加强的执法监督部门。

国家环保总局只是国务院的直属单位,而不是国务院的组成部门,尽管在行政级别上也是正部级单位,但在制定政策的权限以及参与高层决策等方面,与作为国务院组成部门的部委有着很大不同。

2008年3月15日，第十一届全国人大第一次会议第五次全体会议通过决议，环境保护部于3月27日挂牌成立，变成了国务院的组成部门。

国家环境保护机构不断加强，反映出环境保护被摆放到越来越重要的位置。

中国环保机构的三次大跨越

1973年，中国成立了国家级环保机构——国务院环境保护领导小组办公室。

1988年，国家环境保护局从城乡建设环境保护部中独立出来，成为国务院副部级直属机构，实现了中国环保机构的第一次跨越。

1998年，国家环境保护局改名为国家环境保护总局升为正部级，是中国环保机构的第二次跨越。

2008年，国家环境保护总局升级为环境保护部，成为直接参与政府决策的组成部门，完成了中国环保部门的第三次跨越。环保部参与国务院常务会议，参与重大决策的讨论。

6.3　中国环境保护管理体制

管理体制是指管理系统的结构和组成方式，即采用怎样的组织形式以及如何将这些组织形式结合成为一个合理的有机系统，并以怎样的手段、方法来实现管理的任务和目的。具体地说，管理的体制是规定中央、地方、部门、企业在各自方面的管理范围、权限职责、利益及其相互关系的准则，它的核心是管理机构的设置。各管理机构职权的分配以及各机构间的相互协调，它的强弱直接影响到管理的效率和效能，在中央、地方、部门、企业整个管理中起着决定性作用。

经过四十多年的发展，我国已形成自己的环境管理体制，如图6.1所示，其主要特点是：

① 全国的环境管理分为国家级、省（自治区、直辖市）级、地市级、区县级四个层次。

② 国家行政管理系统实行"环保部门统一监督管理，各有关部门分工负责"的体制，这条规定主要是讲同级环保部门和其他部门之间的关系。

③ 各地方实行"国务院统一领导，地方各级人民政府对本辖区环境质量负

责",这条规定主要是讲国务院与地方政府之间在环境管理方面的关系。

④ 上级环保部门对下级环保部门实行"双重领导,以地方政府为主",这条规定主要是讲环保部门中上下级之间及上级环保部门与地方政府之间的交叉关系。

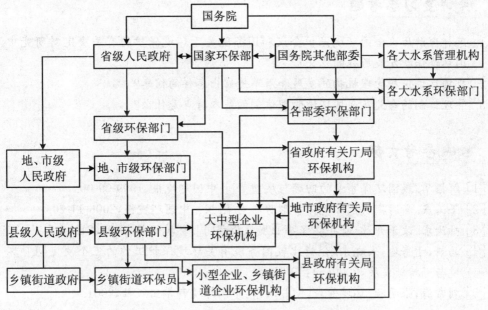

图 6.1　中国环境管理体制示意图

除上述政府环境管理体制之外,中国各级企业内部一般也设置自己的环境管理体制。图 6.2 所示为常见的由生产副厂长(副经理)主管的企业环境管理体制。

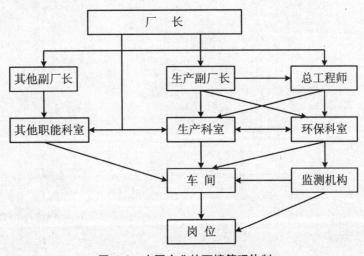

图 6.2　中国企业的环境管理体制

有的企业将健康、安全与环境保护职能归并在一起,成立有综合的健康、安全与环境保护部门(HSE)。

 复习思考题

1. 怎样理解历次全国环境保护会议和国务院关于环境保护的有关决定对研究中国环境保护发展历程的意义?
2. 我国环境保护管理机构的发展和沿革透露出怎样的信息?
3. 管理体制的含义及我国环境管理体制的基本特点是什么?

 参考文献

[1] 解振华.我国环保事业的回顾与展望[N].中国环境报,1999-09-09.

[2] 王玉庆.新时期我国环境保护形势与对策[N].中国环境报,2006-11-20.

[3] 叶汝求.改革开放30年环保事业发展历程[J].环境保护,2008(21):4-8.

[4] 马妍,于秀玲,朱晓东.分析比较国务院有关环境保护工作的五个决定[J].环境与可持续发展,2009(5):59-61.

[5] 刘常海,张明顺.环境管理[M].北京:中国环境科学出版社,2001.

7 中国环境保护的基本方针与政策

一个国家在某一领域的方针、政策、制度构成该国在本领域制度文明的三个不同层次。不同时期的方针、政策和制度,既是以往历史经验的归纳与总结,又是当时和未来行动的规范和指南。

方针是引导事业前进的方向和目标的指南。方针具有原则性、指导性、全局性、战略性的特点。不同时期的工作方针是对当时的工作重点、方向、方法的高度概括,不同时期工作方针的演变则体现了整个过程的发展和深化。

制度是要求大家共同遵守的分章分条的办事规程,是具体的、指令性的、操作性的规定。

政策是国家、政党为实现一定历史时期的路线、方针而制定的行为准则。政策介于方针与制度之间,对其下的制度它是制订的依据,对其上的方针它是进一步的具体化。

环境保护的方针、政策、制度总体上都属于环境管理基本问题中的怎么管的范畴,它们规定了如何正确处理环境保护系统内外部各种关系的准则,是环境管理学的重要研究内容。

中国共产党和中国政府重视保护环境,重视制定正确的环境政策以促进环境保护事业的发展。当代中国有两大基本国策,一是计划生育,二是保护环境;有两项重要战略,一是科教兴国,二是可持续发展;有两个根本性转变,一是从传统的计划经济体制向社会主义市场经济体制转变,二是经济增长方式从粗放型向集约型转变。这两大国策、两项战略、两个根本性转变,都与环境和资源的保护有关。

7.1 中国环境保护的基本方针

7.1.1 环境保护工作 32 字方针

"全面规划、合理布局、综合利用、化害为利、依靠群众、大家动手、保护环境、造福人民"这一环境保护工作的 32 字方针,是 1972 年提出,1973 年国务院第一次全国环境保护会议通过,1979 年《中华人民共和国环境保护法(试行)》以法律形式肯定的。该方针的主要特点：一是重视规划布局的作用，二是以三废治理和综合利用为主要工作内容，三是强调走群众路线，四是全面、综合。该方针在环境保护千头万绪的工作中，指明了一些主要方面，抓住了要领，比较简练，易于理解和执行，在很长一段时间里对我国的环境保护工作起到了积极的促进作用。

7.1.2 "三同步、三统一"等基本方针

在1983年第二次全国环境保护会议和联合国环境规划署理事会第十三届会议上，我国提出和阐明了环境保护事业的战略方针、防治环境污染的方针、自然保护方面的方针和环境保护责任方面的方针。

环境保护事业的战略方针——在国家计划的统一指导下，经济建设、城乡建设、环境建设同步规划、同步实施、同步发展，实现经济效益、环境效益、社会效益的统一，这也是我国环境保护的基本方针。

防治环境污染的方针——预防为主、防治结合、综合治理。

自然保护方面的方针——自然资源开发、利用与保护、增殖并重。

环境保护责任方面的方针——谁污染谁治理、谁开发谁保护。

这些方针是对32字方针的重大发展，是在总结历史经验的基础上，结合我国国情和环境保护实践提出来的。它们指明了解决我国环境问题的正确途径，是环境管理思想的一大进步，已成为现阶段我国环境保护工作的指导思想和环境立法的理论根据。"三同步"的基点是"同步发展"，它是制订环境保护规划、确定政策、提出措施以及组织实施的出发点和落脚点，要求把环境污染和环境破坏解决在经济建设和社会发展的过程之中，通过环境保护来保证和促进经济发展和社会繁荣。

7.1.3 工业污染防治工作的指导方针

1993年全国第二次工业污染防治工作会议提出了工业污染防治工作的指导方针，标志我国工业污染防治工作指导方针发生了新的转变。这一方针的内容是：实行清洁生产，实行三个转变，即由末端治理向生产全过程控制转变，由浓度控制向浓度控制与总量控制相结合转变，由分散治理向分散与集中控制相结合转变。

7.1.4 坚持污染防治和生态保护并重的方针

1996年第四次全国环境保护会议确定的这一方针明确了我国环境保护工作的两个主要方面——污染防治和生态保护，并且强调这两方面必须并重，不可偏废。

7.2　中国的环境保护政策

7.2.1　环境保护是我国的一项基本国策

基本国策属于政策的范畴,它是一个国家最高、最重要的政策之一。基本国策的职能大大超出了一般政策的范围,基本国策所涉及的,必然是制约全国、涉及全局、统帅各方面和影响未来的重大政策。基本国策的地位和权威性在所有的政策中应该是最高的,基本国策是制定其他各种有关政策的前提和依据。当基本国策与具体政策发生矛盾时,只能是各种政策服务于基本国策,基本国策制约、调节和决定具体政策。列为基本国策的事业和工作,必须是在一个国家的社会经济发展以及其他事业和工作中起着支配和决定性作用的事项,也必须是具有长期性、全面性和战略性影响和作用的事项。

把环境保护作为我国的一项基本国策,是由我国的基本国情决定的(其他国家不一定需要这样)。我国资源丰富,但人均占有量低;人均资源和能源消耗量低,但绝对消耗量和向环境中排放的污染物多。我国的生产力发展水平低,科学技术不发达,生产手段落后,这就从客观上决定了我国的原材料利用率低、浪费大,尤其是以煤为主的能源结构决定了我国环境污染的基本特征。此外,受物质生活水平较低的约束,全民族环境意识比较低。在这种情况下,如不抓紧工作,在未来一定时期内,环境恶化的趋势将无法有效遏制。因此,将环境保护作为基本国策是非常必要的。

我国目前环境保护的基本状况是:环境污染和破坏的趋势,局部有所控制,总体还在恶化,前景令人担忧。随着改革开放的进一步深入,生产规模将迅速扩大,给环境的压力也将更大,如果不从现在做起,根据环境保护在整个国民经济和社会发展中的战略地位,确定环境保护的大政方针,其后果是可想而知的。保护环境和维护生态平衡是关系到整个民族生存发展的大事,这一客观特征决定了环境保护在整个国家生活中的重要地位以及作为基本国策的必要性。

为了实现新时期社会、经济发展的总目标,必须把社会、经济与环境作为一个整体来进行规划,达到三者之间的协调发展。而把环境保护作为基本国策,就是把环境与社会、经济发展放在同等重要的地位考虑,进一步明确了三者之间的关系。

7.2.2　中国环境保护的基本政策

环境保护是我国的基本国策确定了环境保护在整个国家社会、经济发展中的重要地位,指明了处理好环境保护系统外部关系的重要准则。环境保护的基本政策重在指明处理好环境保护系统内部重要关系的一些基本准则。经过长期的探索与实践,我国制定了"预防为主""谁污染谁治理"和"强化环境管理"的三大环境保护政策。这三大政策确立了我国环境保护工作的总纲和总则,其根本出发点和目的就是要谋求以当今环境问题的基本特点和解决环境问题的一般规律为基础,以我国的基本国情,尤其是多年来我国环境保护工作的经验教训为条件,以强化环境管理为核心,以实现经济、社会和环境的协调发展战略为目的的具有中国特色的环境保护道路。

"预防为主"的政策思想是:把消除污染、保护环境的措施实施在经济开发和建设过程之前或之中,从根本上消除环境问题得以产生的根源,大大减轻事后处理所要付出的代价。对中国这样一个生产体系和技术水平比较落后的国家,在提高经济发展质量上有很大的潜力,采取预防为主的措施是明智的。预防为主政策的主要内容是:把环境保护纳入到国民经济与社会发展计划,进行综合平衡;实行城市环境综合整治,把环境保护规划纳入城市总体发展规划,调整城市产业结构和工业布局,建立区域性经济"产业链",实现资源的多次综合利用,改善城市能源结构,减少污染产生和排放总量;实行建设项目和规划的环境影响评价制度和"三同时"制度。

"谁污染谁治理"政策,以后进一步发展为"谁开发谁保护、谁受益谁补偿"政策,其主要思想是:治理污染、保护环境是生产者不可推卸的责任和义务,由污染产生的损害以及治理污染所需要的费用都必须由污染者承担和补偿,这就使外部不经济性内化到企业的生产成本中去。这项政策明确了环境保护的责任,开辟了环境治理的资金来源。其主要内容包括:要求企业把污染防治与技术改造结合起来,技术改造资金要有适当比例用于环境保护措施(即所谓"以新带老");对工业污染实行限期治理,解决老污染源问题;征收排污费,用这笔费用建立污染治理资金,专门帮助企业解决污染问题,这种做法开辟了筹集环境保护资金的稳定渠道。

我国环境保护三大政策中,核心是强化环境管理。这一方面是因为通过改善和强化环境管理可以完成一些不需要花很多资金就能解决的环境污染问题,另一方面是因为强化环境管理可以为有限的环境保护资金创造良好的投资环境,提高投资效益。这项政策的主要内容是:加强环境保护立法和执法,建立完善的环境保护法律体系,确立环境保护的权威性;建立全国性的环境保护管理网络,包括各级政府和大中型企业中的环境保护机构,以及为他们提供支持手段的宣传、教育、科研和监测等一系列机构;运用报刊、影视等传播媒介广泛动员公众参与环境保护,并在教育体系中逐步加强环境知识教育;建立以八项制度为核心的强化环境管理的制度体系,使环境管理工作迈上新台阶。

7.2.3　中国环境保护的单项政策

（1）城市和工业建设布局的环境保护政策

实行城市和工业合理布局政策包括两方面的内容，一是新建城市和工业的合理布局，二是已有城市和工业不合理布局的改善。其主要内容包括：

① 实行环境影响评价制度。即一个工业区的新建或扩建，一个城镇的新建或扩建，一个大型水利工程建设、大面积垦荒、交通干线建设，直至一个工厂的新建或扩建时，要事先进行充分的社会环境和生态环境调查，做出综合评价，提出环境保护的措施与意见。

② 我国法律规定在特定的区域不准建设有污染的工业企业。如《中华人民共和国环境保护法》第十八条规定："在国务院、国务院有关主管部门和省、自治区、直辖市人民政府划定的风景名胜区、自然保护区和其他需要特别保护的区域内，不得建设污染环境的工业生产设施；建设其他设施，其污染物排放不得超过规定的排放标准。已经建成的设施，其污染物排放超过规定的排放标准的，限期治理。"

③ 对布局不合理的老企业实行"关、停、并、转、迁"的改造政策。即对污染严重，危害甚大，靠一般技术治理难以达到要求的，实行关闭政策；对那些生产浪费大，污染重，危害大的，实行停产治理；将那些性质相近，分散生产，污染严重的产品实行合并生产；将那些污染严重的产品，转产为无污染和轻污染的产品；将那些布局不合理，污染严重，就地治理难以达到环境要求的，实行搬迁措施。

④ 城市规划布局政策。它包括进行城市整体规划，实行环境功能分区，按照环境特点合理安排工业区、商业区、居住区、文教区、风景旅游区以及其他功能区域。

（2）能源环境保护政策

我国总的能源政策是：在今后一个相当长的时期内，要优先开发煤炭和水电，以煤炭为主要能源，积极提高水电在一次能源中的比重；大力勘探开发石油和天然气，提高使用的经济效益；在严重缺能的地区，有计划地安排建设核电站；广大农村要努力发展沼气和薪柴林，积极开展新能源的试验工作。

城市能源环保政策。近期政策主要包括：改变煤炭供应中的不合理状况，尽可能将低硫份、低挥发份的优质煤供给民用；推广型煤，除了推广民用型煤外，还要积极推广工业型煤；推动无烟固体燃料的开发；联片供热，新建区不准再采用一楼一炉的取暖方式，对原有分散的小锅炉，要做出规划，分期分批进行改造。远期政策主要包括：气化，集中供热，炊事电气化。

农村能源环保政策。近期政策主要包括：推广省柴灶，营造薪炭林，积极发展沼气，增加生活用煤。远期政策主要包括：因地制宜地充分利用各种可再生能源，主要是发展沼气和薪柴林，同时发展小水电、太阳能、地热、风能、潮汐能等。

工业、交通能源环保政策。工业能源环境政策主要包括：调整能耗高、环境与经济效益差的企业和产品，开发有利于环境的能源技术，回收可燃气体，热能综合利用。煤炭工业的加工政策主要包括：注意在高硫煤矿区发展洗煤、筛分厂；鼓励坑口电站烧劣质煤，淘汰小煤窑、小土焦。工业锅炉的消烟除尘政策包括：新出厂的锅炉质量要符合"保证出力、安全可靠、节煤节电、消烟除尘"的要求，烟尘排放浓度超标的不得出厂；年限过久的老锅炉淘汰更新，不得异地转让；发展多种类型锅炉，以适应我国多种燃料的特点；加强对司炉工的岗位培训。汽车尾气防止政策包括：搞好节油措施，掺烧醇类和水，使用液化气、天然气、电力等。

（3）水环境保护政策

解决我国水污染严重，水资源紧张的基本政策是节约用水，控制污染，合理利用水资源。其主要内容包括：

① 压缩用水量。其主要措施是城市用水单位实行计划用水、定额供水，对超量用水部分，采取累进加价收费。

② 压缩排污量。从水资源的综合利用入手，通过加强企业管理、技术改造、"三废"资源化以及排污收费等措施，尽可能把污染控制在生产过程中，最大限度地压缩排污量。

③ 对工业废水中的污染物实行分类、分级和总量控制。重点是重金属和难降解有机物。对重金属要严格控制，要求在车间或厂内处理，达标排放；对其他有机物实行总量控制和集中处理。

④ 因地制宜，建立城市污水系统。发展净化技术，研究推广处理量大、效果好的净化设备。

阅读材料

长沙、海口等城市实行阶梯水价

2012 年 2 月 1 日起，长沙市居民用水实施阶梯式水价。实施新的综合水价后，居民阶梯式水价分 3 级实施，按 1 : 1.5 : 2 计算，4 口之家及以下的按户均计价，3 级分别为：月用水 15 吨以下的，15～22 吨的，22 吨以上的；5 口之家及以上的按人均用水量计价，3 级分别为：人均用水 4 吨以下的，4～5 吨，5 吨以上的；居住人口为 5 口及以上的居民户、集体宿舍、出租屋，需到市供水公司下属营业网点办理申报。

阶梯式计量水费＝第 1 级水价×第 1 级水量基数＋第 2 级水价×第 2 级水量基数＋第 3 级水价×第 3 级水量基数。

实行超定额累进加价制度的非居民用水户的用水计划指标的制定、调整、确定按《长沙市用水计划指标管理规定》执行。超定额累进加价具体价格组成为:超过计划指标 20% 以内的按现行纯水价的 0.5 倍加收,超过 20%~40% 的按现行纯水价的 1 倍加收,超过 40% 的按现行纯水价的 1.5 倍加收超定额累进加价水费。

资料来源:百度百科。

目前,海口市居民生活用水水价为每吨 1.55 元,污水处理费 0.8 元;工业用水每吨为 1.6 元;经营服务业用水为每吨 2.60 元;洗车场、冷库、按摩、桑拿等特种行业水费标准为每吨 3.75 元。海口市拟实行阶梯式计量水价制度,即对居民家庭生活用水设定每月的基本用水额度,在确保居民基本生活用水价格合理和相对稳定的前提下,适当拉大各级用水量间的价差,对超量或奢侈用水实行累进加价政策。实行这一制度,少用少付费,多用多付费,体现了公正公平原则。对超量或奢侈用水实行累进加价政策,有利于人们养成良好的节约习惯,抑制超量、奢侈浪费宝贵的水资源,减少环境污染,促进水资源高效合理配置,促进供水企业可持续良性发展。

海口市拟将用水分类从现在的居民生活用水、工业用水、行政事业用水、经营服务业用水、特种行业用水 5 类简化为居民生活用水、非居民生活用水和特种行业用水 3 类。依据国家发改委和住建部制定的居民日用水量 150~220 公斤的参考标准,考虑到海南常年气温较高,居民洗澡等生活用水相对较多的实情,经过测算,确定每人每月基本生活用水为 6 吨,3 口之家每月基本生活用水为 18 吨。在实施阶梯式水价后,每户居民家庭每月 18 吨以下,属居民基本生活用水级,将享受相对较低的一级水价;二级用水范围为 18~28 吨,按一级价格的 1.5 倍计算水价;28 吨以上为三级用水,将按一级价格的 2 倍计算水费。如果居民家庭成员超过 3 人,可持户口本等合法证明,依据每人每月基本生活用水 6 吨标准,据实核定家庭成员和基本生活用水标准。

资料来源:海口晚报,2012-02-23。

(4) 自然环境保护政策

我国自然环境保护的总政策是:合理利用自然资源,防止生态系统的退化和破坏,发展经济和保护自然资源相结合,实现资源的永续利用。具体政策是:

① 调整农业结构和布局,实行农、林、牧、渔全面发展的方针,按照自然规律和各地的环境特征,宜农则农,宜林则林,宜牧则牧,宜渔则渔,积极发展多种经营。

② 保护植被,控制水土流失。主要对策是种草种树、保护草原、合理垦荒。

③ 保护珍贵的野生动植物资源。总的政策是保护、发展和合理利用,建立各种自然保护区。

(5) 有利于环境保护的技术经济政策

其主要内容有:鼓励综合利用,化害为利,变废为宝;在技术改造中采取控制工业污染的措施;全面实行污染物排放收费制度;实行"污染者付费、开发者补偿"的政策。

7.3　中国环境政策存在的问题和环境政策创新

我国环境政策的不足之处主要表现在实施能力差,实施严重滞后;各种环境保护的指导思想和方针尚未有效地融合到国家的总体经济战略和政策中去;经济、资源和环境政策体系还不协调,一些经济政策还在间接鼓励浪费资源、破坏环境;各项环境政策赖以实施的计划、标准、管理制度还需进一步改进;各项政策赖以贯彻的组织手段——各级环境管理机构还比较薄弱,依法管理还受到种种约束,各项政策得以实施的技术和资金还很不足等。这些都极大地限制了环境政策的实施效力。

我国的环境政策目前主要是政府直接控制型的,实施的成本较大。今后要进一步加大环境政策改革的力度,努力将政府直接控制改变为政府直接控制、经济激励、信息引导、公众监督和有效的社会制衡相结合的模式,发挥各种社会力量和机制的作用。在社会更加公开透明,公民的法律意识、权利意识和环境意识不断提高,社会机制逐步健全的条件下,这是可以做到的,同时这也是国家民主化、法制化、市场化和现代化的重要体现。

 复习思考题

1. 简述环境保护方针、政策、制度的区别与联系。
2. 简述我国环境保护基本方针的主要内容与体系。
3. 简述我国环境保护的三大政策。

 参考文献

[1] 蔡守秋.论中国的环境政策[J].环境导报,1997(6):1-5.
[2] 刘常海,张明顺.环境管理[M].北京:中国环境科学出版社,2001.
[3] 解振华.中国的环境问题和环境政策[J].中国人口、资源与环境,1994(3):13-16.
[4] 夏光.环境政策创新:环境政策的经济分析[M].北京:中国环境科学出版社,2002.

8　中国的环境管理制度

我国环境管理的具体制度很多,但概括起来主要有八项:环境影响评价制度、三同时制度、排污收费制度、排污许可证制度、环境保护目标责任制、城市环境综合整治定量考核制、污染集中控制制度和污染限期治理制度。

按提出的时间先后,上述八项制度可分为"老三项"制度和"新五项"制度。与这些制度最初提出的时候相比,每项制度都有很大的发展。这些制度构成了我国环境管理制度的主要框架。

8.1　环境影响评价制度

环境影响评价是指对规划和建设项目实施后可能造成的环境影响进行系统分析、预测,评估其重大性,提出预防、减轻不良环境影响的对策、措施或否决意见,进行跟踪监测的过程。环境影响评价制度是调整环境影响评价中发生的社会关系的一系列法律规范的总和,是环境影响评价原则、程序、内容、权利义务以及管理措施的法定化。

环境影响评价是 1964 年提出的一个科学概念,1969 年被美国写入国家环境政策法案(简称 NEPA)。这一制度 1978 年引入我国,1979 年获得法律地位。经二十多年发展,《中华人民共和国环境影响评价法》由第九届全国人大常务委员会于 2002 年 10 月通过,2003 年 9 月 1 日起施行。与环境影响评价制度相关的主要文件除《中华人民共和国环境影响评价法》外,还有《建设项目环境保护管理办法》(1981 年、1986 年颁布,部门规章)、《建设项目环境保护管理条例》(1998 年颁布,国务院行政法规)、《建设项目环境影响评价资格证书管理办法》(1999 年颁布,部门规章)、《环境影响评价公众参与暂行办法》(2006 年颁布,部门规章)、《建设项目环境影响评价分类管理名录》(2008 颁布,部门规章)以及《环境影响评价技术导则》(行业系列标准)等。

8.1.1　我国环境影响评价制度的主要内容

适用范围:由国务院有关部门、设区的市级以上地方人民政府及其有关部门编制的规划——土地利用的有关规划,区域、流域、海域的建设、开发利用规划以及工业、农业、畜牧业、林业、能源、水利、交通、城市建设、旅游、自然资源开发的有关专项规划(简称一"地"三"域"十"专项"规划);我国领土、领海管辖范围内的建设项目——新建、改扩建项目和技术改造项目。立法暂不进行评价。

评价形式:对一"地"三"域"规划,编写规划有关环境影响的篇章或者说明;对专项规划,提出环境影响报告书。对建设项目,根据不同情况,按分类管理名录,对可能造成重大环境影响的项目,编制环境影响报告书,对产生的环境影响进行全面评价;对可能造成轻度环境影响的项目,编制环境影响报告表,对产生的环境影响进行分析或者专项评价;对环境影响很小,不需要进行环境影响评价的项目,应当填报环境影响登记表。

评价时机:建设项目在可行性研究阶段;规划在规划编制过程中,报批前。

提出报告的主体:对建设项目是建设单位,对规划是规划编制单位。

对报告内容的规定:专项规划的环境影响报告书应当包括下列内容:实施该规划对环境可能造成影响的分析、预测和评估,预防或者减轻不良环境影响的对策和措施,环境影响评价的结论。规划有关环境影响的篇章或者说明,应当对规划实施后可能造成的环境影响作出分析、预测和评估,提出预防或者减轻不良环境影响的对策和措施,作为规划草案的组成部分一并报送规划审批机关。建设项目的环境影响报告书应当包括:建设项目概况,建设项目周围环境现状,建设项目对环境可能造成影响的分析、预测和评估,建设项目环境保护措施及其技术、经济论证,建设项目对环境影响的经济损益分析,对建设项目实施环境监测的建议,环境影响评价的结论。

评价程序:筛选(确定评价形式、深度)一工作程序(按导则)一审批(公众参与、技术审查、行政审批)一时效(上报后 10 日内审批,报告书有效期 5 年)。

评价单位和个人的资格审查制度:我国环境影响评价单位实行甲级、乙级二级资质,根据人员组成和业绩,按行业和要素规定评价范围,每年审核。我国目前已实行环境影响评价岗位证书制度和环境影响评价工程师职业资格证书制度,已开始了环境影响评价技术审查专家库制度。据中华人民共和国环境保护部数据中心记录,全国 2013 年共有在册环境影响评价甲级、乙级评价机构 1 160 个,环境影响评价工程师 10 135 人,环境影响评价岗位证书持有人员 34 276 人。

法律责任:对规划部门、建设单位、评价单位和审批机关在环境影响评价中的法律责任做了明确规定。

另外,对环境影响评价收费标准、与其他部门和制度的配套措施、后评估和跟踪检查等也都制定了相应的制度。

8.1.2 我国环境影响评价制度的实行情况

在"六五"期间,大中型企业环境影响评价制度的执行率达到 76%,某些地区达到 100%;"七五"期间,大中型企业环境影响评价制度的执行率达到 100%,而且评价质量不断提高,已从一般性评价发展到实用性评价,开始对建设项目的环境保护提出了切实的改进意见。

目前存在的主要问题:中小型企业和乡镇企业执行率比较低,投资多元化对执行情况冲击比较大;很多建设项目环境影响评价介入比较晚,难以对项目设计和实施发挥指导作用;违法建设和审批(如越级、分解、先建后评、先批后评)时有发生,这些都对这项制度有效发挥作用产生不利影响。

在新的历史时期,我国环境影响评价制度需要在以下方面进行新的发展:战略环评需要扩展范围、提高环评效果,环境影响评价报告书的内容需要进一步规范,环境影响评价机构应当成为完全中立的技术服务机构,公众参与应当更加广泛和有针对性,对违法行为的处罚应当增加力度和增强合理性。

8.2　三同时制度

我国的基本建设程序可分为项目建议书—预可行性研究和工程可行性研究(技术工艺、资源依托、市场、经济效益、投资回报、环境影响等)—初步设计—施工土设计—施工—竣工验收—试生产—正式投产等主要阶段。环境影响评价是科研和项目决策阶段的环境管理,"三同时"是项目设计、施工和竣工验收阶段的环境管理,是检查项目建设是否将环境影响评价中规定的环境保护措施落实在设计、施工过程中,效果怎样,通过项目竣工验收监测,最后决定是否批准正式投产。

"三同时"制度是我国独创的第一项环境保护管理制度。"三同时"的提法第一次出现于关于官厅水库水污染问题的报告中,后来发展为具有普遍意义的对一切建设项目的要求。在 1979 年颁布的《中华人民共和国环境保护法(试行)》、1981年颁布的《基本建设项目环境管理办法》、1986 年颁布的《建设项目环境保护管理办法》和 1998 年颁布的《中华人民共和国建设项目环境保护管理条例》中,"三同时"制度逐步完善。所谓"三同时",即新建、改建、扩建和技术改造项目的配套环境保护设施,必须与主体工程同时设计、同时施工、同时投产。"三同时"要求各级环境保护部门参与建设项目的设计审查和竣工验收,将环境问题解决在建设过程中,预防新的环境污染和破坏的产生。

在计划经济时期,"三同时"制度发挥了很好的环境管理作用。"三同时"对建设单位、设计单位、项目主管部门和环保部门提出了明确的要求,土地、规划、工商和银行联合执法,杜绝了违反"三同时"项目开工建设的可能性。在实施中逐渐加重了对违反"三同时"的处罚,产生了很好的效果。

目前存在的主要问题是:有些地方存在执法不严的现象,项目后期和投产后管理较薄弱,环境保护设施运行情况不理想等,这都需要进一步做好工作。

8.3 排污收费制度

8.3.1 排污收费制度的基本内容

一切向环境排放污染物的单位和个体经营者,都应当按照政府规定的标准缴纳一定的费用,使污染的外部成本内部化,促使排污单位采取控制措施。

排污收费制度是我国实行最早的环境经济政策,是"谁污染谁治理"原则的具体化。其基本原理是环境资源的有偿使用和外部成本的内部化。通过提高污染企业的排放成本,使之大于治理成本,促使企业进行污染治理。排污收费制度也为环境保护创立了一个稳定的筹资渠道。

排污收费制度提出于1978年,1979年列入法律规定并进行试点,1982年颁布了《排污收费的暂时办法》,对收费的范围、项目、标准和使用做出了明确规定。这项制度的最初规定是只收超标排污费,收费的项目比较少(烟尘、COD等),费率也比较低,排污费的80%将返还企业用于污染治理。1988年,排污收费制度进行了改革,原来无偿返还的排污费,由拨款改为贷款,有偿使用。1992年排污收费的范围进一步扩大,二氧化硫开始收费;1993年排污收费开始体现总量控制的思想,不超标的污水也开始征收排污费。

8.3.2 我国排污费的特点

① 全国性收费,涉及多种污染物和污染因子,按标准收费,地域之广、种类因子之多,未见国外报导;② 从国情、国力出发,以超标收费为主,非超标收费为辅,但近年有所转变;③ 是经济学色彩最浓的环境经济政策,涉及收费、罚款、财政补助、金融贷款4种经济手段;④ 是8条环境保护投资渠道中唯一由环境保护部门管理的资金渠道;⑤ 涉及多种法律法规(4条法律、2条国务院法规、12条地方政府法规、65条行政规章);⑥ 执行机构全国有1600多个,2万余人;⑦ 属于纳入财政预算的行政收费,具有"准税"性质;⑧ 是地方环境保护局的重要经费来源;⑨ 政府环境保护部门在这项政策中集政策设计、实施、资金管理和使用职能为一身,在全国几乎是唯一的。

8.3.3 排污收费的实施原则

① 缴费并不免除污染者的治理、赔偿责任和法律责任;② 对拖延和拒交的处以滞纳金和罚款;③ 对缴纳排污费但不达标的,逐年提高 5% 的收费标准;④ 新建项目超标的,加倍收费;⑤ 正常收费可列入成本,罚款、滞纳金等不可列入成本;⑥ 列入预算,实行收支两条线,专项管理。

8.3.4 排污费的种类和用途

目前我国有 4 种排污收费:① 污水排污费;② 废气排污费;③ 固体废弃物及危险废物排污费;④ 噪声超标排污费。

排污费有 4 种用途:① 重点污染源治理;② 区域污染防治;③ 污染防治新技术、新工艺开发、示范和应用;④ 国务院规定的其他污染治理项目。

8.3.5 排污费标准和收费办法

污水排污费和废气排污费按污染当量计费,公式为:

污水(废气)排污费收费额＝0.7 元(0.6 元)×前 3 项污染物的污染当量数之和。

一般污染物的污染当量数＝该污染物的排放量(千克)/该污染物的污染当量值(千克)。

我国目前的排污费征收管理办法规定了 61 种水污染物以及 pH 值、色度、大肠菌群数、余氯量和禽畜养殖业、小型企业和第三产业污染当量值;规定了 44 种大气污染物的污染当量值。部分水污染物和大气污染物的污染当量值(千克)见表 8.1。

表 8.1　部分水污染物和大气污染物的污染当量值(千克)

类别	污染物名称	污染当量值	类别	污染物名称	污染当量值
第一类水污染物	1. 总汞	0.000 5	大气污染物	1.二氧化硫	0.95
	8. 苯并(a)芘	0.000 000 3		2.氮氧化物	0.95
第二类水污染物	11. 悬浮物(SS)	4		11. 一般性粉尘	4
	12. 生化需氧量(BOD$_5$)	0.5		20. 烟尘	2.18
	13. 化学需氧量(COD)	1		24. 苯并(a)芘	0.000 002
	15. 石油类	0.1			

对固体废物及危险废物排污费和噪声超标排污费也确定了相应的征收标准：① 对无专用贮存或处置设施和专用贮存或处置设施达不到环境保护标准(即无防渗漏、防扬散、防流失设施)排放的工业固体废物，一次性征收固体废物排污费。每吨固体废物的征收标准为：冶炼渣25元、粉煤灰30元、炉渣25元、煤矸石5元、尾矿15元、其他渣(含半固态、液态废物)25元。② 对以填埋方式处置危险废物不符合国家有关规定的，危险废物排污费征收标准为每次每吨1 000元。③ 对排污者产生环境噪声，超过国家规定的环境噪声排放标准，且干扰他人正常生活、工作和学习的，按照超标的分贝数征收噪声超标排污费，征收标准见表8.2。

表 8.2　超标噪声排污费征收标准

超标分贝数	1	2	3	4	5	6	7	8
收费标准(元/月)	350	440	550	700	880	1 100	1 400	1 760
超标分贝数	9	10	11	12	13	14	15	16 及 16 以上
收费标准(元/月)	2 200	2 800	3 520	4 400	5 600	7 040	8 800	11 200

8.3.6　排污费制度的实施效果及存在的问题

据1994年的统计，我国有91%的县开征了排污费，目前的收费项目有100多项。1979~1994年15年间累计收费118亿元，占同期工业污染治理资金的15%，大中型城市可达到30%~40%；累计用于发展环境保护事业的经费为45亿元，包括监测仪器购置、业务活动31亿元，宣传培训11亿元。

存在的主要问题：征收面不全，很多排污活动和项目还没有收费；标准比较低，约为治理成本的10%~50%，刺激力不强，有些单位宁愿买排污权而不治理；使用效率不高，部分无偿使用，分散使用多，忽视集中治理；只能用于末端治理，不能用于清洁生产和集中控制，投资效果受到影响；主要用行政手段管理，挤占、挪用、拖欠、积压普遍。针对上述问题提出以下改革措施：提高收费标准，扩大征收面，与污染损失相对应；动态收费；全部有偿使用，提高贷款利率；用经济手段管理排污费资金。

8.4　环境保护目标责任制

环境保护目标责任制是一种具体落实地方各级人民政府和有污染的单位对环境质量负责的行政管理制度。这项制度确定了一个区域、一个部门或者一个单位环境保护的主要责任者和责任范围,运用目标化、定量化、制度化管理方法,把贯彻执行环境保护这一基本国策作为各级领导的行动规范,推动环境保护工作全面、深入地开展。

8.4.1 环境保护目标责任制的作用

环境保护目标责任制是各项环境管理制度和措施的"龙头",具有全局性的影响。责任制的容量很大,可以根据本地区、本部门的实际情况,确定责任制的指标体系和考核方法,既可以有质量指标,又可以有为达到质量指标所要完成的工作指标;既可以将老三项制度纳入责任状,也可以将其他四项新制度和措施纳入责任状。因此,重点抓好环境保护目标责任制的落实,可以收到牵一发而动全身和纲举目张的效果。环境保护目标责任制的具体作用表现在以下方面:① 加强了各级政府对环境保护的重视和领导,环境保护开始真正列入各级政府的议事日程;② 有利于把环境保护纳入国民经济和社会发展计划及年度工作计划,疏通了环境保护的资金渠道,使环境保护工作落到了实处;③ 有利于协调政府各部门齐抓共管环保工作,大家动手,调动了各方面的积极性,改变了过去环保部门一家孤军作战的局面;④ 有利于由单项治理、分散治理转向区域综合防治,实现了大环境的改变;⑤ 有利于把环保工作从软任务变成硬指标,实现由一般化管理向科学化、定量化、规范化转变;⑥ 加强了环保机构建设,强化了环保部门的监督管理职能;⑦ 增加了环保工作的透明度,有利于动员全社会对环境保护的参与和监督。

8.4.2 环境保护目标责任制的实施程序

① 制定阶段。在这一阶段,各级政府要组织有关部门和地区,根据环境目标的要求,通过广泛调查研究和充分协商,确定实施责任制的基本原则,建立指标体系,制定责任书的具体内容。

② 下达阶段。责任书制定后,以签订责任状的形式,把责任目标正式下达,将各项指标逐级分解,层层建立责任制,使任务落实,责任落实。最好采用公开举行签字仪式的办法。

③ 实施阶段。在各级政府的统一指导下,责任单位按各自承担的任务,分头组织实施,政府和有关部门对责任书的执行情况定期调查检查,采取有效措施,保证责任目标的完成。

④ 考核阶段。责任书期满,先逐级自查,然后由政府组织力量,对完成情况进行考核。根据考核结果,给予奖励或处罚。

8.5 城市环境综合整治定量考核制度

城市环境综合整治,就是把城市环境作为一个系统、一个整体,运用系统工程的理论和方法,采取多功能、多目标、多层次的措施,对城市环境进行综合规划、综合管理、综合控制,以最小的投入,换取城市环境质量优化,从而使复杂的城市环境问题得以解决。城市环境综合整治定量考核是对城市环境综合整治成果的检查,它不仅使城市环境综合整治工作定量化、规范化,而且增加了透明度,引进了社会监督的机制。城市环境综合整治定量考核以量化的指标考核政府在城市环境综合整治方面的工作。每年进行一次,年度考核结果通过报纸、网络等媒体向社会公布。这项制度的实施使环保工作切实纳入了政府的议事日程。

8.5.1 城市环境综合整治定量考核的对象和范围

城市环境综合整治定量考核的主要对象是城市政府,考核范围主要分为两级:① 国家级考核,是国家直接对部分城市政府在组织开展城市环境综合整治、城市环境保护方面的工作情况进行的考核。目前,国家直接考核的城市主要包括直辖市、省会及自治区首府和一些重点旅游城市。② 省(自治区)级考核。各省、自治区考核的城市由省、自治区人民政府自行确定。

城市环境综合整治定量考核制度于 1989 年开始实施。据不完全统计,1990年参加国家级考核的城市 32 个,省、自治区考核的城市达 242 个。2008 年,国家级考核城市数量已扩大到 633 个。2009 年 2 月,全国污染防治工作会议提出,全国所有城市到 2010 年都要纳入城市环境综合整治定量考核范围。

8.5.2 城市环境综合整治定量考核的内容和指标

城市环境综合整治定量考核的内容包括大气环境保护(35 分)、水环境保护(30 分)、噪声控制(15 分)、固废处置与综合利用(15 分)以及绿化(5 分)5 个方面,共 21 项指标,总计 100 分。每项指标分 10 个等级,根据得分多少,评比顺序。

其中,考核城市环境质量的指标有 6 项,37 分,包括:大气总悬浮微粒年日平均值、二氧化硫年日平均值、饮用水源水质达标率、城市地面水 COD 平均值、区域环境噪声平均值和城市交通干线噪声平均值。

考核城市污染控制能力的指标有 9 项,37 分,包括:烟尘控制区覆盖率、工艺尾气达标率、汽车尾气达标率、万元产值工业废水排放量、工业废水处理率、重点企业工业废水排放达标率、环境噪声达标区覆盖率、工业固体废物综合治理率与工业固体废物综合利用率。

考核城市环境基础设施水平的指标有 6 项,26 分,包括:城市气化率、城市热化率、居民型煤普及率、城市污水处理率、生活垃圾无害化处理率和建成区绿化覆盖率。

制订以上考核指标时考虑的基本原则为:① 突出当前城市环境综合整治的重点是水、气、渣、声"四害";② 定量考核的基础是综合整治,指标中有 15 项是考核城市控制污染的能力和城市环境建设水平的,这些指标需要在市政府的统一领导下,调动各方面的积极性,组织各部门的力量才能实现;③ 城市环境综合整治的出发点和归宿是环境质量,为此,设定了 6 项环境质量指标,评价综合整治所取得的环境效果;④ 指标反映了近几年来城市综合防治污染的主要措施和手段,如热化率、气化率、民用型煤普及率、建成区人均绿地面积以及烟尘控制区覆盖率等 5 项指标,集中体现了大气污染防治方面的"四化一改"的对策;⑤ 所有指标的数据都必须是现行的环境监测、环境统计所能提供的,指标中有 9 项环境监测指标、6 项环境统计指标和 6 项城建统计指标。

8.5.3 城市环境综合整治定量考核的实施

① 制订定量考核的规划和目标。"规划目标"是定量考核的依据,由市政府组织有关部门按考核指标,编制任期内综合整治规划,并制订年度计划和措施,纳入国民经济和社会发展计划之中。

② 考核指标层层分解,落实到基层。按照"分工管理、各负其责"的原则,将定量考核指标,按市、区和有关局、委、办层层分解,落实到人,实行承包责任制,各负其责。

③ 明确责任,建立制度。为了将定量考核落到实处,指标分解后,要建立市长、区长及各有关部门领导的"目标责任制",将各有关领导承担的环境综合整治责任法律化、制度化。

④ 监督检查与考核评比。根据《城市环境综合整治定量考核监督管理办法》,各省、自治区、直辖市政府和环保局要对开展定量考核的城市进行经常性监督,保证定量考核工作按规定执行,防止弄虚作假,走过场。同时还要建立定量考核责任制的普查、抽查制,以保证定量考核的质量。

8.5.4 城市环境综合整治定量考核制度的发展与改革

2006 年,环境保护总局制定了《"十一五"城市环境综合整治定量考核指标实施细则》和《全国城市环境综合整治定量考核管理工作规定》,对城市环境综合整治定量考核指标和管理规定进行了调整,该文件已于 2007 年 1 月 1 日开始实施。

2011 年 11 月,环境保护部发布《"十二五"城市环境综合整治定量考核指标及其实施细则(征求意见稿)》,对指标权重又进行了调整。这些变动体现了不同时期对城市环境综合整治的要求和重点也在发生变化。"十一五""十二五"城市综合整治定量考核指标对比如表 8.3 所示。

表 8.3 "十一五""十二五"城市综合整治定量考核指标对比

"十一五"考核指标	小计	"十二五"考核指标	小计
API 指数≤100 的天数占全年天数比例 20	环境质量 44	环境空气质量 15	环境质量 37
集中式饮用水水源地水质达标率 8		集中式饮用水水源地水质达标率 8	
城市水环境功能区水质达标率 8		城市水环境功能区水质达标率 8	
区域环境噪声平均值 4		区域环境噪声平均值 3	
交通干线噪声平均值 4		交通干线噪声平均值 3	
城市清洁能源使用率 3	污染控制 30	清洁能源使用率 2	污染控制 34
机动车环保定期检测率 2		机动车环保定期检验率 5	
工业固体废物处置利用率 5		工业固体废物处置利用率 2	
危险废物处置率 5		危险废物处置率 12	
重点工业企业排放稳定达标率 7		工业企业排放稳定达标率 10	
万元 GDP 主要工业污染物排放强度 8		万元工业增加值主要工业污染物排放强度 3	
城市污水集中处理率 8	环境建设 20	城市生活污水集中处理率 8	环境建设 19
生活垃圾无害化处理率 8		生活垃圾无害化处理率 8	
建成区绿化覆盖率 4		城市绿化覆盖率 3	
环境保护机构建设 3	环境管理 6	环境保护机构和能力建设 7	环境管理 10
公众对城市环境保护的满意率 3		公众对城市环境保护满意率 3	

今后,城市环境综合整治定量考核可以考虑进行如下改革:

(1) 分级管理,分类指导,最大限度地发挥城考作用

城考指标应在坚持共性的基础上,充分考虑城市环境监测和监管能力的现状,以及国家对不同地区、不同级别城市环保能力的要求,制定更加行之有效的考核办法和指标体系。

地级市和县级市进行分级考核,国家按制定的统一方法直接考核地级市。县级市根据国家考核指标体系委托省级考核,对监测项目、监测频次等指标适当放松,但不能低于国家规定的最低限。

对东、中、西部城市在考核标准和考核要求上应加以区分,体现城市综合整治的力度,提高政府对综合整治的自觉性和积极性。

(2)突出环境质量的改善,提高公众对环境的满意度

城考的作用就是要将改善城市环境质量的责任落实到政府身上,促使其加大环保投入、加强环境监测能力建设和城市基础建设。要使城考充分发挥理顺经济建设、城市建设和环境建设关系,达到改善城市环境质量的目的,必须加强环境效益的考核,在指标设置上要更加突出环境质量指标。

增加环境质量考核的权重,由于城市综合整治工作与环境质量改善有一个滞后的效应,在增加权重的同时,可考虑按一个五年跨度来考核环境质量,年度间考核环境质量改善程度(增减幅度),以鼓励基础条件差又做了大量工作的城市。

增加地表水跨市断面考核内容,减少对下游城市考核的不公平。

结合国家“十二五”环境监测能力建设规划,增加相应监测能力的考核,将其作为加分项,如臭氧监测、PM2.5监测能力以及饮用水源地水质全分析能力等。

(3)完善指标体系,提高考核适用性和可操作性

为保证年度考核结果按时发布,取消涉及经济、能源统计数据等时效性差的指标。

完善污染控制类指标的实施细则,在定量考核的基础上,设置现场检查权重分,将地区督查中心、应急中心的年度检查结果及环保部的各专项检查结果纳入考核,同时开始城市间的互查,尽量保证结果的公正。

(4)进一步加强城考工作规范化

应着手开展对环境质量考核点位的重新确认,特别是地表水监测点位,应在现有监测网络中选取代表城市(重点是市区)环境质量的监测点位纳入考核。

协调与环境统计和常规监测工作的关系,统一监测项目、频次和评价方法。

加强数据的时效性和准确性审核工作。

8.6　排污许可证制度

排污许可证制度是以改善环境质量为目标,以污染物总量控制为基础,以排污许可证为形式,对单位和个人排污的种类、数量、性质、去向、方式等做出的具体规定,是一项具有法律含义的行政管理制度。我国目前主要推行水污染物排放许可证制度,关于大气污染物的排放许可证正处在研究和初试阶段,对医疗废物的排放、放射性废物的排放规定了严格的登记制度。这里主要介绍水污染物排放许可证制度。

8.6.1 排污许可证制度近期适用范围

由于排污许可证的技术性很强,主要在以下范围进行试验:① 封闭水体。目前主要指湖泊、水库、海湾等一些水的停留时间相对较长的水体。对这类水体,一方面由于水的停留时间长,流动性差,污染物的稀释净化能力较差,污染物容易积累,采用浓度控制法不能很好地保护水质,必须采用总量控制法。另一方面,封闭水体的水力学特征相对稳定,水量变化规律容易把握,最大允许纳污量容易计算,而且相对比较准确,可以为水排污许可证试验提供理想的场所。② 饮用水水源地、有特殊价值的水体等重点保护水域。这些水体必须严格控制纳污量,另一方面,其基础数据也较完整,水体功能明确,水质现状及历史状况清楚。这些水域是水环境管理的重点,配套的管理措施比较完善,也是水排污许可证试验的理想场所。

8.6.2 排污许可证制度实施程序

① 排污申报登记。这是排污许可证的基础工作。目前,一般要求申报如下内容:排污单位的基本情况,生产工艺、产品和材料消耗情况(如用水量、用煤量等),污染排放状况(排放种类、去向、强度等),污染处理设施建设、运行情况,排污单位的地理位置和平面示意图等。各单位申报登记材料报齐后,环保部门应认真整理汇总,建立污染源档案库。

② 污染物排放总量指标的规划分配。这是排污许可证制度最核心的工作。在总量控制指标的分配中,主要采取以下几种方法:在保证环境功能达标的前提下,运用系统分析或数学规划方法,确定最佳(如投资最小、削减量最小)分配方案;以现状排污量为基础,根据污染源评价中的排污分担率,按相同的比例确定各污染源的排污指标等。

③ 审核发证。主要是对排污量、排放方式、排放去向、排放口位置、排放时间加以明确,每个污染源分配的排污量之和必须与总量控制指标相一致并留有一定余地。排污许可证的审核颁发工作,应由专人管理,从申请、审核、批准到变更均应建立完整的工作程序,颁证可以采取公开、公证形式,赋予其严肃性。

④ 许可证的监督管理。应从人员机构、职能、管理制度和程序等方面考虑,建立一整套许可证管理体系;在实施过程中,要抓住总量计量与监督检查两个中心环节,完善各排污口的总量计量系统,统一计量技术,环保部门要加强监督检查,并使之经常化、制度化。

2012 年,段菁春、柴发合等对中国排污许可证制度执行现状进行调查,结论为:中国自 20 世纪 80 年代中期开展排污许可证试点以来,尽管各省市通过地方法规在制度及执行上积极创新,在提高企业环保守法意识、促进企业达标排放和总量控制中起到了一定作用,但总体上中国的排污许可证制度尚不完善,主要表现在:法律体系不完善,排污许可证条例迟迟不能出台;许可证排污量缺少明确统一的核算办法,执行中随意性大;排污许可证管理的行政资源不足,从而间接导致公众参与及发证覆盖范围不足;排污许可证制度尚未实现与总量控制的有机结合;排污许可证交易尚处在初级阶段,无法真正起到经济杠杆的效果。

为此,他们对中国排污许可证制度提出改进建议:① 通过立法完善排污许可证制度,确立排污许可证制度的法律地位。国家应尽快出台《排污许可证条例》,将排污许可证制度以法律的形式固定下来,使排污许可证制度有法可依、有章可循。就地方而言,应在国家法律法规的基础上,颁布相关技术指南、实施办法等规范性文件,给出明确的步骤和具体的措施,增强其实施的可操作性。② 简化排污许可证管理。取消临时许可证,统一为正式排污许可证。同时对长期稳定达标的企业许可证有效期限可以从现在的 3 年适当延长到 5 年,而对于存在超标现象的企业则规定为 1 年。这样既减少了企业的人员成本支出,也缓解了管理机构行政资源不足。③ 尽快制定统一的排污总量的核算方法。科学地确定排污总量的核算办法,对实现公平减排,调动企业主动开展污染控制具有积极作用,应尽快将在线监测数据纳入排污总量核算方法中。④ 加强基层环保建设。加强基层环保部门的行政力量,安排专职人员对排污许可证进行管理和监督,做到权责清晰,分工明确。加强对排污企业环保法规培训,要求有条件的企业建立环保专职人员制度,提高企业环境管理水平。⑤ 建立排污许可证数据管理平台。建立排污许可证管理数据库,通过数据库和网上申报简化排污许可证的管理,提高管理效率。减轻在许可证的申请、变更、延续、注销等管理程序中的工作量。⑥ 将排污许可证和其他相关制度有机结合。排污许可证制度应与"三同时"、排污收费、环境影响评价、环境统计等相关制度相协调;排污许可证制度还应与企业工商执照申领、企业上市、信用贷款、引进外资、关税优惠等制度相结合,对于违反排污许可证制度要求的企业,除采取限期改正、经济处罚等相关处罚措施外,还应在工商年度检验、企业上市、银行贷款等方面约束违规企业。⑦ 谨慎推广排污权交易。应重点加强对已经实施排污权交易的城市的理论和技术支持,使其为中国今后的排污权交易工作探索道路。⑧ 加强公众参与力度。制定针对公众意见的反馈机制及规范,定期召开听证会,将排污者置于公众的监督之下,促进企业遵守排污许可证和相关法律要求。

8.7 污染集中控制制度

在过去的很长一段时间内,我国在污染源的分散治理上,花了很大的财力、物力,但是效果并不显著。原因大致有二:一是对污染控制和环境管理的认识不清,二是对环境工程的费用—效益分析不够。经过多年的实践,考虑到我国的国情和制度优势,污染控制走集中与分散控制相结合、以集中控制为主的道路是一条重要的经验。

8.7.1 污染分散治理与集中控制的关系

分散治理应与集中控制相结合。如不从实际出发,一律要求以厂内防治为主,各厂分散治理达到排放标准,就可能造成浪费和达不到改善区域环境质量的目的。另一方面,集中控制要以分散治理为基础。在制定区域污染综合防治规划的过程中,要根据区域环境特征和功能确定环境目标,统一规划集中处理与各单位分散处理的分担量,把指标分配到各个污染源。各单位分散防治达不到要求,完不成分担的任务,集中处理便难以正常运行。所以,集中处理不能代替分散处理,而应以分散处理为基础。

实行集中控制,并不意味着分散处理的责任减轻了。污染集中处理的资金仍然要按照"谁污染谁治理"的原则,主要由排污单位和受益单位承担,以及在城市建设费用中解决;对于一些危害严重,不易集中治理的污染源,还要进行分散治理;少数大型企业或远离城镇的个别企业,还应该以点源单独治理为主。

8.7.2 污染集中控制的主要方式

(1) 废水污染集中控制

以大企业为骨干,实现企业联合集中治理。如兰州市西固地区有几十个大中型企业,废水排放量大。环保部门与各企业多次研究协商,制定了以兰州石化公司扩建污水处理厂,各单位初步处理后集中排入进行处理方案,取得了很好的经济效益和环境效益。

同类工厂联合对废水进行集中控制。根据同行业废水水质相似的特点,采用合并处理的方法,可收到好的效果。如天津市绢麻纺织厂等5家同行业的小企业共同投资112万元,建成日处理量达6 000吨的污水处理站,该站与厂家脱钩,归口市里管理,实行独立核算,为各厂提供有偿服务,效果很好。

对含有特殊污染物的废水进行集中控制。如对电镀废水,全国各地大多采取压缩、合并厂点,集中处理的措施。与分散处理相比,投资少,效果好,有利于处理设施的日常运行和管理。

工厂对废水预处理后送到城市综合污水厂进行集中处理。这是我国目前大部分城市普遍采用的一种集中处理办法,这种方法效益好,设施运行稳定,缺点是一次性投资大。

（2）废气污染集中控制

从城市生态系统整体出发,合理规划,科学地调整产业结构和城市布局,特别要注意改善能源利用方式;改善城市民用能源结构,民用燃料向气体化方向发展;回收企业放空的可燃性气体集中起来供居民使用;实行集中供热,取代分散供热（可节约能源,提高供热质量,节省占地面积,减少城市运输量,便于综合利用灰渣,提高机械化程度,减轻工人劳动强度）;改变供暖制度,将间歇供暖改为连续供暖（可减少起火次数,削减污染物排放,避开早晚出现的煤烟型污染高峰）;合理分配煤炭,把低硫、低挥发分的煤优先供给居民使用,经济推广和发展民用型煤;加速"烟尘控制区"的建设,对烟尘加强管理和治理,加强锅炉厂、除尘器厂的管理;扩大绿化面积,铺装路面,对垃圾坑、废渣山覆土造林,防止二次扬尘。

（3）有害固体废弃物集中控制

加强废弃物回收系统的建设;建设生物工程处理厂,处理生活垃圾;建设固体废物集中填埋场和危险废物处理中心。

8.8　污染限期治理制度

限期治理是以污染源调查、评价为基础,以环境保护规划为依据,突出重点,分期分批地对污染危害严重,群众反映强烈的污染物、污染源、污染区域采取的限定治理时间、治理内容及治理效果的强制性措施,是人民政府为了保护人民的利益对排污单位采取的法律手段。限期治理与污染治理计划不同,限期治理的决定依据一定的法律程序,具有法律效能;而治理计划只是一种行政管理手段,完不成不负法律责任。

8.8.1　确定限期治理项目的原则

① 以污染源调查为基础,以环境保护规划为依据,与环境综合整治、污染集中控制、污染物总量控制相结合,解决突出的环境问题。

② 强制与帮助相结合。被限期治理的单位必须无条件按期完成任务,否则,限期治理就成了一句空话。但环保部门不能下达治理任务了事,还应该帮助企业解决实际困难,推荐技术,落实资金,调动企业自身治理的积极性,保证限期治理任务的完成和治理设施的正常运转。

③ 从国情出发,实事求是,先易后难。既要考虑环境保护的需要,又要考虑实施的可能性。列入限期治理的项目,首先技术要成熟,治理工艺和技术不过关的不能列入;其次资金要基本落实,缺口比较大的不能勉强列入,同时认为资金全部落

实后才能列入的想法也是不对的。

④ 坚持环境效益、社会效益、经济效益三统一的原则,特别要考虑长期的、潜在的效益,要考虑经济效益的滞后性。

⑤ 必须坚持"谁污染谁治理"的原则。限期治理的资金主要由造成污染的单位解决,但对一些投资很大的限期治理项目,国家也应该承担一部分治理资金。

8.8.2 限期治理的范围

① 区域性限期治理:指对污染严重的某一区域、水域的限期治理,如"33211"。区域性限期治理的措施和手段,除了进行必要的点源治理外,还有调整工业布局和经济结构(能源结构、原材料结构、产品结构)、技术改造、市政建设和改造等。

② 行业性限期治理:指对某个行业性污染的限期治理,如对造纸行业制浆黑液的限期治理,对机械行业锅炉生产的限期改造更新,交通行业汽车尾气的限期治理(化油器改电喷)等。行业性限期治理也包括产品结构、原材料、能源结构、工艺和设备的调整和更新。

③ 污染源限期治理:指对污染严重的排放源进行限期治理,如公布限期治理名单,对某个企业、某个污染源、某个污染物的限期治理。

8.8.3 限期治理的重点

① 污染危害严重、群众反映强烈的污染物、污染源,治理后对改善环境质量、解决厂群矛盾、保障社会安定有较大作用的项目。有毒重金属、苯并(a)芘等类污染物应首先进行限期治理。

② 位于居民稠密区、水源保护区、风景游览区、自然保护区、疗养区、城市上风向等环境敏感区,污染物排放超标,污染职工和居民健康的企业。

③ 区域或水域环境质量十分恶劣,有碍观瞻、损害景观的区域或水域的环境综合整治项目。

④ 污染范围较广、污染危害较大的行业性污染项目。

⑤ 其他必须限期治理的污染企业,如存在重大环境污染事故隐患等。

限期治理不能仅理解为污染物、污染源的治理,应当把它扩展为限期调整工业布局(关、停、并、转、迁),限期调整产业结构、能源和原材料结构,限期在技术改造的同时解决老污染源等。

2009年6月11日,环境保护部根据《中华人民共和国水污染防治法》,审议公布了《限期治理管理办法(试行)》,针对排放水污染物超过国家或者地方规定的水污染物排放标准(简称"超标"),排放国务院或者省、自治区、直辖市人民政府确定实施总量削减和控制的重点水污染物超过总量控制指标(简称"超总量")两种情况,规定了限期治理的决定程序、执行与督察以及解除程序等事项,该文件自 2009 年 9 月 1 日起施行,有效促进了限期治理工作的规范化、制度化。

8.9 中国环境管理制度的体系与改革

从总体上看,现阶段中国环境管理制度构成以下四个层次的金字塔形体系(图 8.1):

① 塔顶层:由环境保护目标责任制构成。这是制度体系的最高层,是各项管理制度的"龙头"。一方面它是其他各项制度的保证,另一方面,其他制度的实施又为目标责任制创造了条件。

② 塔身层:又可分为上、下两层,分别由综合整治定量考核、集中控制制度和分散治理措施组成。这是因为这两项制度和一项措施体现了环境质量保护与改善的客观规律,必须从综合战略、集中与分散战略(该分散的要分散,以有效利用环境容量)采取强有力的制度措施才能解决。

③ 塔底层:分别由环境影响评价、"三同时"制度、限期治理制度、排污许可证制度及排污收费制度五个专项管理制度组成,体现了污染源的系统控制关系和控制新、老污染源两条技术路线,并作为综合、集中、分散控制的管理手段。基础不配套、不完善,就不能建起塔身和塔顶,组成不了中国环境管理制度体系,所以塔底层也很重要。

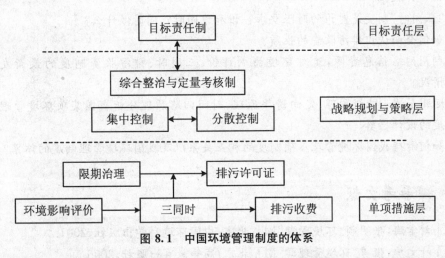

图 8.1 中国环境管理制度的体系

除上述层次关系外,八项制度之间还有相互包含的关系,如集中控制制度与分散控制措施中就包含了环境影响评价制度、三同时制度、限期治理制度、排污许可证制度及排污收费制度;而综合整治制度中包含了集中控制制度及分散控制措施。反过来说,下面层次的制度和措施是上面层次的配套制度措施。

从基础层中的五项制度来看,是分别对新、老污染源的系统控制技术路线,体现了系统控制思想。环境影响评价是超前控制,三同时是生产前和建设期控制,限期治理则是对老污染源的控制,排污许可证是生产后控制制度并与环境容量相结合的总量控制制度,排污收费也是生产后控制制度并与浓度标准相结合。

八项制度和一项措施组成的四个层次之间还存在正向联系与反馈联系的网络关系,这种联络关系显示出中国环境管理制度体系的运行机制,这是各级政府、各级环保部门的负责人应该十分清楚地理解与统筹规划、巧妙运用的规律。

八项制度的突出特点是它们都是政府主导的直接控制型制度,都是以政府作为环境管理的主体,以政府的行政手段作为主要的管理工具。实际上,除了政府对污染源的直接管理以外,社会上还存在很多的环境管理方式,如社区、市场以及各种组织内部的环境管理等,这就需要我们改革现有的环境管理制度,实现环境管理政策和工具的创新。将政府直接控制型环境政策转换为政府直接控制与社会制衡相结合的环境政策,是环境政策转型的重要趋势。

 复习思考题

1. 我国环境影响评价评价的法定对象是谁? 如何认识环境影响评价对象的历史性和开放性?

2. "三同时"制度是对谁的时限要求? 谁和谁同时? 同时做什么?

3. 如何全面认识排污收费的性质?

4. 利用网络信息资源,追踪环境影响评价、三同时、排污收费制度的最新发展情况。

5. 运用层次—能级原理、定向诱导原理、封闭回路原理分析我国某项环境管理制度的设计思路。

6. 如何看待我国环境管理八项制度的相互关系以及我国环境管理制度的体系?

 参考文献

[1] 刘常海,张明顺. 环境管理[M]. 北京:中国环境科学出版社,2001.

[2] 叶文虎,张勇. 环境管理学[M]. 北京:高等教育出版社,2006.

[3] 中华人民共和国环境影响评价法. 2003.

[4] 中华人民共和国建设项目环境保护管理条例. 1998.

［5］王灿发,樊杏华.新时期我国环境影响评价制度亟待新发展[J].环境保护,2012(22):25-27.

［6］中国环境影响评价大事记[J].环境保护,2012(22):4-5.

［7］田良.环境影响评价研究[M].兰州:兰州大学出版社,2004.

［8］中华人民共和国排污费征收使用管理条例.2003.

［9］中华人民共和国环境保护总局.排污费征收标准管理办法.2003.

［10］王远.环境管理[M].南京:南京大学出版社,2009.

［11］赵银慧.浅析城市环境综合整治定量考核制度[J].环境监测管理与技术,2010(12):66-68.

［12］段菁春,等.中国排污许可证制度执行现状调查[J].环境科学与管理,2012(11):16-21.

［13］中华人民共和国放射性废物安全管理条例.2012.

［14］中华人民共和国医疗废物管理条例.2003.

［15］中华人民共和国环境保护部.限期治理管理办法(试行).2009.

9 环境管理的信息手段与企业环境行为信息公开化

信息在污染控制中的作用对于人们来说不是一个新概念,因为无论是管制手段还是经济手段的使用都离不开信息,政府依赖各种各样的信息来制定和实施环保政策。在过去若干年的污染控制实践中,特别是对排污者行为的研究中,人们认识到信息可以通过社区和市场对污染源的控制产生刺激作用。这样提供信息就成为一种相对独立而有效的污染控制手段。随着科学技术的迅猛发展,信息收集、综合和传播的成本越来越低,信息手段可以不必依赖于成熟的法制行政机制,而通过社区和市场发挥作用。因此,目前许多国家政府中的环保人员积极倡导并使用这种手段。

中国在污染控制方面同其他发展中国家一样面临着资金短缺、法制不全、执法不力等一系列问题,迫切需要一些新的方法和手段加以补充。中国在过去若干年中形成的一套行之有效的污染控制手段,如行政手段、计划手段等,在未来的若干年中随着政治体制的改革、经济体制的改革和市场化进一步加强,将面临新的挑战。探索一套能适应新变化的有效的污染控制手段,已成为一项紧迫的战略任务。信息手段将成为未来中国污染控制体系中的一个重要组成部分。

9.1 社区和市场在污染控制中的作用

在传统的工业污染控制模式中,政府通过立法和执法直接控制污染排放或间接刺激污染治理。企业则根据政府的政策力度调整自己的污染控制程度。政府的污染控制政策力度的确定取决于两种因素:一是污染对社会环境造成的危害程度,二是企业的污染处理费用。在没有交易成本的前提下,最佳的污染控制点是在边际损失函数等于边际费用函数的地方。在有完全信息的条件下,这种最佳排污点就被确定下来,然后政府环境管理人员采用命令加控制的方法或经济市场手段来达到最优污染控制点。理论上讲,在有完全信息和没有交易成本的条件下,政府可以通过制定适当的污染控制政策把污染控制在社会最优点上。

虽然政府对污染控制有着至关重要的作用,但这种传统模式有它的局限性。研究表明,社区和市场在污染控制中也有着强有力的作用。

9.1.1 社区在污染控制中的作用

对亚洲和南、北美洲的研究表明,邻近的社区对企业的环境表现有着很强的影响力。富裕、具有良好教育水平和组织体系的社区可以找到多种途径来推动社会环境准则。在具有专职环境管理人员或机构的时候,社区采用正常的途径来促进严格执法;在没有正式环境管理机构或管理人员执法不力时,可以通过社区不同群体或组织实施一种非正式的污染控制措施。对孟加拉、印度、印度尼西亚、泰国和中国的研究表明,工厂污染处理程度同工厂面临的社区压力有关,有些社区在没有正式的法规条件下成功地迫使企业控制了污染。工厂私有化在一定程度上可以提高工厂竞争能力和生产效率,当竞争程度越高时,社区越容易给企业施加压力去减少污染。但在贫困地区,人们的环境意识较低,这种社区压力也较小。

社区的代理机构,在不同国家是不一样的,有宗教组织、社会组织、社会领袖、群众自发等,但形式是一致的。企业直接同当地社区协调,社区则根据社会常理公开或暗地采用社会、政治或物质上的惩罚来刺激企业控制污染。

9.1.2 市场在污染控制中的作用

环境舆论对金融市场有着重要的影响。最近的研究表明,当金融市场了解到企业的环境表现时,金融市场能自动地为污染控制提供一种强有力的附加刺激作用。具体而言,投资者对投资的环境表现有着强烈的兴趣,他们要估算如果企业受到法规惩罚或污染责任赔偿时,自己所要遭受的潜在的经济损失。所以在贷款之前,银行系统会认真考虑企业的环境责任;在买股票时,股东也会十分留意企业的环境表现。最近的研究还表明,金融市场的影响是很有力的。在美国和加拿大,在企业有环境法庭纠纷时,企业的市场价值要下降 1‰~2‰。政府所做的信息公开化也有很强的作用。1987 年,美国环保局有毒化学品排放信息库(Toxic Release Inventory)开始公开中等以上企业的有毒化学品的年排放量。研究表明,被认定为重污染的企业在信息公开后的第一天平均损失 410 万美元的股票价值。这些金融消息反过来又刺激企业采取行动。1997 年的研究表明,股票市场损失最多的企业在后来投资削减污染量也最多。

在亚洲和南美洲的研究也表明,环境新闻具有很强的市场作用。Dasgupta 等对菲律宾、墨西哥、智利和阿根廷四国的股票市场进行了研究,该项研究采用 1990 年到 1994 年每天股票市场数据和当地报纸上的环境新闻材料,并把他们联系起来,结果发现,当政府公布企业的环境表现良好时,他们的市场价值上升超过 20‰,另一方面,不好的消息减少市场价值 4‰~15‰,这种变化比在美国和加拿大的要大。

9.2　应用信息手段进行环境管理的可能性

　　一旦将社区和市场在污染控制中的作用考虑在内,我们就可以用一个更加丰富、更加可靠的模型来解释企业在环境表现方面的差异,这就是污染控制的三角形模型(图 9.1)。

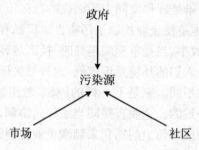

图 9.1　工业污染源控制三角形模式

　　由于存在社区和市场的力量,我们可以发现,在没有政府强制要求控制污染的情况下,也完全可以找到清洁的工厂。在污染控制三角形模型中,必须重新思考政府在污染控制中的作用,政府的责任不再只是制定和执行法规和标准,而是能够通过加强社区和市场的作用,来帮助达到污染控制的目标。

　　在这种三角形模式下,信息手段有着广阔的应用空间。在收入和教育水平一定时,环境信息越充分,社区的非正式污染控制作用就越合理。在市场上,准确的环境信息,无论是正面的还是负面的,都会对企业的污染控制起到良性的刺激作用。当然信息越充分,政府的污染控制决策也将越合理。

9.3　应用信息手段需要研究的问题

9.3.1　信息对排污者发挥作用的方式及程度

　　信息手段主要是一种间接手段,它通过政府、社区和市场对排污者产生刺激作用。在一定的环境信息条件下,政府、居民、非政府组织、消费者和投资者都会对排污者产生某种影响。这些影响进而对排污者产生一种影子费用。非政府组织可以直接同排污者进行谈判,或施加压力来影响排污者的决策。消费者可以通过对其产品的选择以产生相应的价格弹性来影响排污者的经济效益。投资者或股票购买者可能担心排污者在环境方面的赔偿和损失而失去自身的利润,他们对企业的信心直接影响企业的经济效益,从而迫使排污者控制污染。政府环境执法力度的加强、媒体的压力、企业名誉上的损失以及个人之间的影响也会对企业产生一种影子费用。除了可能引起间接经济损失外,信息手段还可能由于企业决策者的道德良心的发现而对企业的排污产生直接作用。

9.3.2   怎样有效地设计和使用信息手段

信息手段的使用方式是多种多样的,要提供一个通用的程序,在目前几乎是不可能的。总体来说,信息手段的设计大体可分为四个步骤:① 信息的收集、整理和分析。它包括收集污染源的污染状况、环境质量、人体和生态健康影响等,并在此基础上加以分析整理,提炼出能客观反映污染危害程度,又能被广泛理解的信息。② 信息考证和质量控制。要让信息发挥作用,信息的质量一定要高,一旦失去信誉,该手段就会失败。在许多情况下,反复考证是有必要的。③ 选择信息传播的途径和方式。对不同的污染问题,信息作用的对象不一样,传播的途径和方式也不一样,有一个费用有效性问题。④ 信息的规范化和制度化。污染的危害程度和企业的环境表现是相对的,信息手段必须依赖某些统一的标准或基准,从而使有关污染源的信息具有可比性。同时,要使信息手段发挥作用并具有长久深远的影响,该手段必须制度化,持续不断地使用。

9.4   企业环境行为信息公开化

企业环境行为对环境质量有重要影响。适时、适度地公开企业环境行为信息,可以运用信息公开所产生的社会舆论压力,促使企业关注和改善自身的环境行为。

如其他许多发展中国家一样,由于资金不足,印度尼西亚在污染控制方面的立法和执法都很薄弱。印度尼西亚国家污控局在世界银行发展研究部的帮助下,于1995年设计了污染控制评级计划,对工业企业的环境保护表现进行评级并将结果公布。

该信息公开化措施把企业的污染控制表现归纳为一个便于理解的单一指标,并把该指标的级别用五种不同的颜色表示出来,于是每一个企业被贴上了一种颜色。黑色表示该企业未采取任何措施来控制污染,并且造成严重的环境危害;红色表示企业采取一些控制污染的措施,但仍未达到当地排放标准;蓝色表示该企业达到了国家污染控制标准;绿色表示该企业排污浓度显著低于地方有关污染控制的标准;金色表示该企业的环境表现达到了国际水平,属于同类企业中最清洁的一员。

在试点过程中选了187个企业,在1995年6月只有5个绿色标志的企业被公开出来,其余的企业私下接到有关评级结果的通知,并给予6个月的时间加以改进。在1995年12月,所有的企业评级情况被公布于众。表9.1列出了在不同时间评级的结果。

表 9.1 印度尼西亚企业环境表现变化情况

指标级别	1995 年 6 月	1995 年 12 月	1996 年 9 月
金色	0	0	0
绿色	5(3%)	4	5
蓝色	61(33%)	72	94
红色	115(61%)	108	87
黑色	6(3%)	3	1

从表9.1可看出,信息公开化措施对那些表现较差的企业在短期内就有显著的影响。黑色企业在1年里由6个减少到1个,红色企业由115个减少到87个,但绿色企业个数没变。目前,这种企业环境行为信息公开化措施正在其他一些国家以各种形式推广,在改善企业环境表现、提高环境质量中发挥重要作用。

9.5 信息手段在中国污染控制中的使用

中国在污染控制中使用信息手段已有相当长的历史,环保工作者在过去的若干年里已自觉或不自觉地使用信息来影响政府的决策,影响社会舆论以及市场导向,从而达到直接或间接地控制污染的目的。例如,新闻界对严重污染状况的曝光,在某些方面起到了环境信息公开化制度所起到的作用,但新闻媒体曝光方法有其自身不可克服的缺点。在有不确定因素时,新闻界批评一个企业的环境表现,企业可能会受到不应有或不公正的伤害。在过去若干年里,中国政府也有意识地使用信息这个杠杆来控制污染。例如,在报纸中公布先进企业名单,但由于对这种方法的使用研究不够,认识不足,更由于中国企业市场化程度不高,涉及的企业又多是国有企业,人们很难期望这种方法对企业的污染控制起到显著的刺激作用。中国政府也有意识地积极推动社区居民在污染控制中的作用。研究表明,中国的群众投诉、来信来访制度对加大环境执法力度,控制污染源的污染排放都起到了积极的作用。但研究也表明,群众的反应存在着明显的偏差和不足,对有色有味或有声的污染,群众容易发现,但许多对人体健康和生态环境更加有毒有害的污染,群众无法鉴别出来,群众需要更多的信息、知识和手段来有效地监督工业污染的排放。

　　信息手段在中国污染控制中的使用有着广阔的前景。如何充分地使用这种手段是摆在中国环境政策研究人员和管理人员面前的一项具有重要意义的课题。对于环境研究人员而言,首要的任务是制造环境信息产品,用以帮助政府和社会进行信息政策试验,以便使信息手段的使用规范化、制度化;研究人员应该更加积极地收集信息并加以分析,提炼出能对政府官员直接产生影响并被社会广泛接受理解的信息,从而影响社会和政府对污染的控制力度。对于环境管理人员而言,要充分认识到在信息时代,政府在污染控制方面的职能变化,在加强传统法制手段、经济手段的同时,积极领导信息手段的开发和使用,充分发挥社区与市场的作用,以达到社会、经济和环境同步发展的目的。环境管理人员也应该积极探讨如何使用信息手段推动社区和市场对污染的控制作用。

　　社会需要更多的环境信息以便做出正确的决策。在把环境信息如实地提供给社会这一方面,中国政府已经走出了第一步。在过去的若干年中,政府逐步开展了城市环境空气质量日报等环境信息公开工作,反应是积极的。目前又开展了重点城市 PM2.5 的信息公告,进一步加大了环境信息公开的力度。另一个值得一试的做法是把污染源状况公布给当地居民,从而加强社区对污染源的控制作用。中国的乡镇企业散布于广大农村地区,许多时候政府无力直接控制他们的污染,但政府可以投入适当的资金,在广大农村中应用信息手段,群众知道了排污状况会导致企业同居民关系的紧张,可以对排污者形成压力,这种压力驱使排污者削减污染排放。当然,这也会产生某种社会不稳定因素。如果企业拒绝改善其表现,在群众无法忍受时,群众会对排污者采取某些行动;但如果企业相应改善了其污染状况,或在某种程度上赔偿了给群众造成的损失,经济、环境和社会就会平衡地发展。如果污染状况被掩盖,群众一旦发现受到愚弄,并遭到严重伤害,社会冲突就会发生。所以,经过精心设计的信息公开化机制将有助于促进经济、社会和环境的良性发展,它不仅有利于农村环境和经济协调发展,也有利于社会稳定,要做的工作是如何在充分研究的基础上建立这样的机制。

　　中国经济市场化的比重越来越高,随着企业股份制的进一步推广、股票市场的进一步发达,企业经营越来越依赖于市场,这给政府环保部门又开辟了一条污染控制的渠道。社会和金融界需要高质量的企业环境表现信息。政府可以是最诚实的信息经纪人,而且最有条件去收集、分析和考证排污数据。世界银行已经帮助镇江和呼和浩特环境保护局设计了类似于印度尼西亚的环境信息公开化制度。目前,我国企业股票上市之前都要进行环境保护核查,这也为企业环境信息公开化创造了良好的条件。

许多国家在污染控制方面的实证研究和政策试验表明,尽管政府在对企业的污染控制方面起着至关重要的作用,社区和市场也是两股独立的、积极有效的力量,对企业的环境表现有着强有力的刺激作用。摆在政府环保部门面前的一个重要问题是,如何在新的社会经济环境下给自己应有的作用定位,以控制污染为目标,充分调动和发挥社区与市场这两股力量在环境保护中的作用。实践证明,信息手段行之有效,设计难度低、费用小,在中国的污染控制中有着广阔的应用前景。

复习思考题

1. 简述污染控制三角形模型的意义。
2. 简述利用环境信息公开进行环境管理的原理及应注意的问题。

参考文献

[1] 王华.污染控制的信息手段及其在中国的应用[J].中国环境科学,2000(3):268-272.

[2] 曹东,杨金田,等.环境信息公开:一项新的环境管理手段[J].环境科学研究,1999(6):1-3.

[3] 王远,陆根法,等.污染控制信息手段:镇江市工业企业环境行为信息公开化[J].中国环境科学,2000(6):528-531.

[4] 王远.环境管理[M].南京:南京大学出版社,2009.

10 环境管理体系与 ISO14000 系列标准

环境管理体系(Environmental Management Systems,EMS)是一个组织内部全面管理体系的组成部分。它包括制定、实施、实现、评审和保持环境方针所需的组织机构、计划活动、职责、惯例、程序、过程和资源,还包括组织的环境方针、目标和指标等管理方面的内容。可以这样描述环境管理体系:它是一个有组织有计划而且协调运作的管理活动,其中有规范的运作程序、文件化的控制机制。它通过有明确职责、义务的组织结构来贯彻落实,目的在于防止对环境的不利影响。

环境管理体系是一项内部管理工具,旨在帮助组织实现自身设定的环境表现水平,并不断地改进环境行为,不断达到更新、更佳的高度。

一个组织的环境管理体系和人事、财务、行政等管理体系一起,共同构成组织的管理网络。好的环境管理体系是好的环境管理的保证。什么是好的环境管理体系? 有没有标准? 有,而且是国际标准。本章即讨论环境管理体系以及相关的ISO14000 系列标准问题。

10.1 ISO 及 ISO14000 系列标准

ISO 是国际标准化组织(International Organization for Standardization)名称的英文缩写。国际标准化组织是由多国联合组成的非政府性国际标准化机构。到目前为止,ISO 有正式成员国一百二十多个,我国是其中之一。每一个成员国均有一个国际标准化机构与 ISO 相对应。ISO 1946 年成立于瑞士日内瓦,负责制定在世界范围内通用的国际标准,以推进国际贸易和科学技术的发展,加强国际间经济合作。

ISO 制定的标准推荐给世界各国采用,而不是强制性标准。但是由于 ISO 颁布的标准在世界上具有很强的权威性、指导性和通用性,对世界标准化进程起着十分重要的作用,所以各国都非常重视 ISO 标准。许多国家的政府部门、有影响的工业部门及有关方面都十分重视在 ISO 中的地位和作用,通过参加技术委员会、分委员会及工作小组的活动,积极参与 ISO 标准制定工作。目前 ISO 的两百多个技术委员会正在不断地制定新的产品、工艺及管理方面的标准。

ISO 的技术工作是通过技术委员会(Technical Committee,简称 TC)来进行的。根据工作需要,每个技术委员会可以设若干分委员会(Sub-Committee,简称 SC),TC 和 SC 下面还可设立若干工作组(Work Group,WG)。ISO 技术工作的成果是正式出版的国际标准,即 ISO 标准。ISO/TC207 是国际标准化组织于 1993 年 6 月成立的一个技术委员会,专门负责制定环境管理方面的国际标准,即 ISO14000 系列标准。ISO/TC207 的成立一方面表现了关注环境保护的世界性倾向,另一方面也预示着环境管理逐步走向标准化、规范化和国际化。

ISO14000 系列标准是 ISO/TC207 负责起草的一套国际标准。ISO14000 是一个系列的环境管理标准,它包括了环境管理体系、环境审核、环境标志、生命周期分析等国际环境管理领域内的许多焦点问题,旨在指导各类组织(企业、公司)取得和表现正确的环境行为。ISO 给 14000 系列标准预留 100 个标准号。该系列标准共分七个系列,其编号为 ISO14001~ISO14100。ISO14000 系列标准的框架如表 10.1所示。

表 10.1　ISO14000 系列标准的框架

机构	名　称	标准号
SC1	环境管理体系(EMS)	14001~14009
SC2	环境审核(EA)	14010~14019
SC3	环境标志(EL)	14020~14029
SC4	环境行为评价(EPE)	14030~14039
SC5	生命周期评估(LCA)	14040~14049
SC6	术语和定义(T&D)	14050~14059
WG1	产品标准中的环境指标	14060
	备用	14061~14100

10.2　ISO14000 系列标准与 ISO9000 系列标准的异同

ISO9000 质量管理系列标准已被全世界八十多个国家和区域的组织所采用,为各类组织提供了质量管理和质量保证体系方面的要素、导则和要求。ISO14000 环境管理系列标准涉及的是对组织的活动、产品和服务从原材料的选择、设计、加工、销售、运输、使用到最终废弃物的处置进行全过程的环境管理。二者共同之处在于:① 具有共同的实施对象:在各类组织建立科学、规范和程序化的管理系统;

② 两套标准的管理体系相似：ISO14000 某些标准的框架、结构和内容参考了 ISO9000 中某些标准的规定。

但这两个标准也有不同，主要表现在：① 承诺对象不同：ISO9000 标准的承诺对象是产品的使用者、消费者，它是按不同消费者的需要，以合同形式进行体现的。而 ISO14000 系列标准则是向相关方的承诺，受益者将是全社会，是人类的生存环境和人类自身的共同需要，这无法通过合同体现，只能通过利益相关方，特别是政府来代表社会的需要，用法律、法规来体现，所以 ISO14000 的最低要求是达到政府的环境法律、法规与其他要求。② 承诺的内容不同：ISO9000 系列标准是保证产品的质量，而 ISO14000 系列标准则要求组织承诺遵守环境法律、法规及其他要求，并对污染预防和持续改进作出承诺。③ 体系的构成模式不同：ISO9000 的质量管理模式是封闭的，而环境管理体系则是螺旋上升的开环模式，要求体系不断地有所改进和提高。④ 审核认证的依据不同：ISO9000 标准是质量管理体系认证的根本依据，而环境管理体系认证除符合 ISO14001 外，还必须结合本国的环境法律、法规及相关标准，如果组织的环境行为不能满足国家要求，则难以通过体系的认证。⑤ 对审核人员资格的要求不同：ISO14000 系列标准涉及的是环境问题，面对的是如何按照本国的环境、法规、标准等要求保护生态环境，污染防治和处理具体环境问题，故环境管理体系对组织有目标、指标的要求，从事 ISO14000 认证工作的人员必须具备相应的环境知识和环境管理经验，否则难以对现场存在的环境问题做出正确判断。

10.3　ISO14001 环境管理体系标准的
地位、特点和适用范围

ISO14001 是 ISO14000 系列标准中的主体标准。它规定了组织建立环境管理体系的要求，明确了环境管理体系的诸要素，根据组织确定的环境方针、目标、活动性质和运行条件把本标准的所有要求纳入组织的环境管理体系之中。该项标准向组织提供的体系要素或要求，适用于任何类型和规模的组织。本标准要求组织建立环境管理体系，必须据此建立一套程序来确立环境方针和目标，实现并向外界证明其环境管理体系的符合性，以达到支持环境保护和预防污染的目的。

ISO14001 环境管理体系主要具有以下特点：① 强调法律法规的符合性：标准要求实施这一标准的组织的最高管理者必须承诺符合有关环境法律法规和其他要求；② 强调污染预防：污染预防是本标准的基本指导思想，即应首先从源头考虑如何预防和减少污染的产生，而不是末端治理；③ 强调持续改进：ISO14001 没有规定绝对的行为标准,在符合法律法规的基础上,企业要自己和自己比,进行持续改进;④ 强调系统化、程序化的管理和必要的文件支持;⑤ 自愿性:ISO14001 标准不是强制性标准,企业可根据自身需要自主选择是否实施;⑥ 可认证性:ISO14001标准可作为第三方审核认证的依据,企业通过建立和实施 ISO14001 标准可获得第三方审核认证证书;⑦ 广泛适用性:本标准不仅适用于企业,同时也可适用于事业单位、商行、政府机构、民间机构等任何类型的组织。

ISO14001 规定了对环境管理体系的要求,使一个组织能够根据法律要求和重大环境影响信息,制定环境方针与目标。它适用于那些可为组织所控制,以及可能希望组织对其施加影响的环境因素。但它本身并未提出具体的环境表现(行为)准则。ISO14001 中所有的要求都适用于任何一个环境管理体系。其应用程度取决于组织的环境方针、活动性质、运行条件等因素。ISO14001 适用于任何有下列愿望的组织:① 实施、保持并改进环境管理体系;② 使自己确信能符合所声明的环境方针;③ 向外界展示符合性;④ 寻求外部组织对其环境管理体系的认证/注册;⑤ 对符合本标准的情况进行自我鉴定和自我声明。

10.4 ISO14001 对相关概念的定义

组织(Organization):具有自身职能和行政管理的公司、集团公司、商行、企事业单位、政府机构或社团,或是上述单位的部分或结合体,无论其是否为法人团体、公营或私营(注:对于拥有一个以上运行单位的组织,可以把一个运行单位视为一个组织)。

环境(Environment):组织运行活动的外部存在,包括空气、水、土地、自然资源、植物、动物、人,以及它们之间的相互关系(注:从这一意义上,外部存在从组织内延伸到全球系统)。

相关方(Interested Party):关注组织的环境表现(行为)或受其环境表现(行为)影响的个人或团体。

环境因素(Environmental Aspect):一个组织的活动、产品或服务中能与环境发生相互作用的要素(注:重要环境因素是指具有或能够产生重大环境影响的环境因素)。

环境影响(Environmental Impact):全部或部分地由组织的活动、产品或服务给环境造成的任何有害或有益的变化。

环境方针(Environmental Policy):组织对其全部环境表现(行为)的意图与原则的声明,它为组织的行为及环境目标和指标的建立提供了一个框架。

环境目标(Environmental Objective):组织依据其环境方针规定自己所要实现的总体环境目的,如可行应予以量化。

环境指标(Environmental Target):直接来自环境目标,或为实现环境目标所需规定并满足的具体的环境表现(行为)要求,它们可适用于组织或其局部,如可行应予以量化。

环境表现(行为)(Environmental Performance):组织基于其环境方针、目标和指标,对它的环境因素进行控制所取得的可测量的环境管理体系结果。

污染预防(Prevention of Pollution):旨在避免、减少或控制污染而对各种过程、惯例、材料或产品的采用,可包括再循环、处理、过程更改、控制机制、资源的有效利用和材料替代等(注:污染预防的潜在利益包括减少有害的环境影响、提高效益和降低成本)。

环境管理体系(Environmental Management Systems):整个管理体系的一个组成部分,包括为制定、实施、实现、评审和保持环境方针所需的组织机构、计划活动、职责、惯例、程序、过程和资源。

环境管理体系审核(Environmental Management System Audit):客观地获取审核证据并予以评价,以判断组织的环境管理体系是否符合所规定的环境管理体系审核准则的一个以文件支持的系统化验证过程,包括将这一过程的结果呈报管理者。

持续改进(Continual Improvement):强化环境管理体系的过程,目的是根据组织的环境方针,实现对整体环境表现(行为)的改进(注:该过程不必同时发生于活动的所有方面)。

表 10.2 和表 10.3 分别列出了环境方针、环境目标和环境指标的例子以及环境目标和环境指标的例子。

表 10.2　环境方针、环境目标和环境指标的例子

环境方针	提高能源和原材料的有效利用
环境目标	节约生产工艺用水量
环境指标	一年内冲洗水量减少 25%

表 10.3　环境目标和环境指标的例子

环境目标	环境指标
减少有害原料使用	每年减少量为 35%
提高员工环境意识	举办 3 期/年环境培训,参加人员不少于全厂人数 90%
减少向环境排放污染物质	废气排放量达到＊＊＊,废水中 COD 排放量达到＊＊＊

续表

环境目标	环境指标
降低能耗	比上年度节能 10%
减少原材料使用	每年可减少 10%
完成设备改造的方案	1998 年前完成

10.5　ISO14001 中环境管理体系的运行模式

ISO14001 用于组织规划、实施、检查、评审环境管理运作系统的规范化,该系统包含五大部分,17 个要素(表 10.4)。这五个基本部分包含了环境管理体系的建立过程和建立后有计划地评审及持续改进的循环,整个体系的运行以企业传统管理模式"德明模式"为基础展开,使环境管理体系处于不停顿的运动之中,保证组织内部环境管理体系的不断完善和提高。

表 10.4　环境管理体系的一级要素和二级要素

一级要素	二级要素
(一) 环境方针	1. 环境方针
(二) 规划(策划)	2. 环境因素 3. 法律和其他要求 4. 目标和指标 5. 环境管理方案
(三) 实施和运行	6. 组织结构和责任 7. 培训、意识和能力 8. 信息交流 9. 环境管理体系文件 10. 文件控制 11. 运行控制 12. 应急准备和反应
(四) 检查和纠正措施	13. 检测和测量 14. 不一致纠正和预防措施 15. 记录 16. 环境管理体系审核
(五) 管理评审	17. 管理评审

德明(Deeming)模式也称"PDCA 模式",包括规划(Plan)、实施(Do)、检查(Check)、改进(Action)四个关联的环节(图 10.1、图 10.2),在质量管理体系

(ISO9000)中充分地运用并取得了成功。德明模式将企业活动分为四个阶段：

① 规划,即策划阶段——建立企业的总体目标以及制定实现目标的具体措施。

② 实施,即行动阶段——为实现企业目标而执行计划和采取措施。

③ 检查,即评估阶段——检查规划执行的有效性和效率,并将结果与原规划进行比较。

④ 评审和改进,即纠正措施阶段——改进识别出来的缺点和不足,修改规划使之适应变化的情况,必要时对程序予以加强或重新确定。

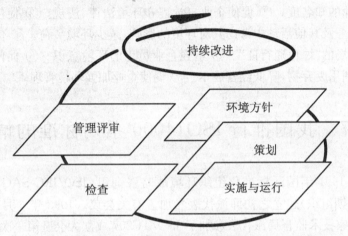

图 10.1　环境管理体系的运行模式(1)

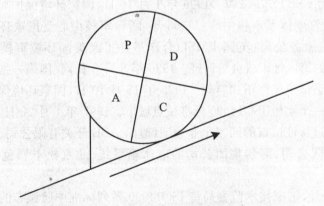

图 10.2　环境管理体系的运行模式(2)

这是一个动态循环的管理过程框架,以持续改进的思想指导组织系统地实现目标。环境管理体系成功地运用了这一著名传统模式并给予它新的内涵和应用范围,并使环境管理体系与企业传统管理相融合。

10.6 ISO14001 标准对企业的积极影响

ISO14000 系列标准归根结底是一套管理性质的标准。它是工业发达国家环境管理经验的结晶,在制定国家标准时又考虑了不同国家的情况,尽量使标准能普遍适用。它的实施定会对企业的发展起到积极的影响作用。

ISO14001 标准对企业的积极影响主要体现在以下几个方面:① 树立企业形象,提高企业的知名度。② 促使企业自觉遵守环境法律、法规。③ 促使企业在生产、经营、服务及其他活动中考虑其对环境的影响,减少环境负荷。④ 使企业获得进入国际市场的"绿色通行证"。⑤ 增强企业员工的环境意识。⑥ 促使企业节约能源,再生利用废弃物,降低经营成本。⑦ 促使企业加强环境管理。

10.7 我国推行 ISO14000 系列标准的情况

我国在 1991 年国际标准化组织环境战略咨询组(ISO/IEC SAGE,是 ISO/TC207 的前期组织)建立之初即派代表参加了有关会议。1993 年 6 月,国家环境保护局与国家技术监督局派代表参加了 ISO/TC207 成立大会暨第一次会议。

1995 年 10 月,我国成立了与 ISO/TC207 相对应的全国环境管理标准化技术委员会,代号为 CSBTS/TC207。1996 年 1 月 10 日,国家环境保护局成立国家环境保护局环境管理体系审核中心。1996 年 4 月,审核中心受国家环境保护局委托,与国际环境服务公司(英国 EMSI)合作举办了经英国环境审核员注册协会(EARA)注册的第一批审核员培训班。1996 年 8 月 8 日,我国第一批五家企业环境管理体系认证试点工作正式启动。1996 年 12 月 10 日,国家环境保护局批准厦门市为我国第一个实施 ISO14000 标准试点城市。1997 年 1 月 22 日,国家环境保护局向首批通过认证试点的四家企业颁证(厦门 ABB 开关有限公司、上海高桥巴斯夫分散体有限公司、海尔集团公司的电冰箱系统、北京松下彩色显像管有限公司)。

1997 年 4 月,国家技术监督局将 ISO14000 系列标准中已颁布的前五项标准等同转化为我国国家标准,标准文号为 GB/T24000-ISO14000。1997 年 4 月 21 日,国务院批准成立中国环境管理体系认证指导委员会,具体指导 ISO14000 系列标准在我国的实施工作。1997 年 6 月 6 日,国家环保局批准成立中国环境管理体系认证指导委员会办公室,作为指导委员会的日常办事机构,办公室的具体工作由科技标准司标准管理处承担。

1999 年 4 月,国家环保总局开始在有条件的风景(名胜)旅游区进行区域环境管理体系的建立与运行试点。当年,海南三亚南山佛教文化旅游区通过 ISO14001 环境管理体系认证,成为我国第一家通过环境管理体系认证的旅游区。2004 年 4 月,中国华夏认证中心和挪威船级社合作编写的《中国旅游行业环境管理体系实施指南》出版,进一步推动了我国旅游业环境管理体系的实施。

目前,ISO14000 环境管理体系标准中涉及的环境审计、环境标志、环境行为评价、生命周期评价在诸多领域健康开展。环境审计师、环境审核员、ISO14000 认证咨询师等已成为新的职业。ISO14000 认证活动为我国推行清洁生产注入了新的推动力。将 ISO14000 认证活动与清洁生产紧密地结合起来,是我国企业面临的重大任务。

复习思考题

1. 如何完整地表述环境管理体系及其作用?
2. 如何理解 ISO14001 环境管理体系标准的地位、特点和适用范围?
3. 怎样理解 ISO14001 对 EMS 的要求与 EMS 的运行模式?
4. ISO14001 中环境管理相关概念的定义对我们有怎样的启发意义?
5. 环境管理体系可以扩展适用于哪些组织?

参考文献

[1] 中华人民共和国国家质量监督检验检疫总局,中国国家标准化管理委员会. 环境管理体系规范及使用指南. GB/T 24001—1996.

[2] 中华人民共和国国家质量监督检验检疫总局,中国国家标准化管理委员会. 环境管理体系原则、体系和支持技术通用指南. GB/T 24004—1996.

[3] 叶文虎,张勇. 环境管理学[M]. 北京:高等教育出版社,2006.

[4] 孟伟庆. 环境管理与规划[M]. 北京:化学工业出版社,2011.

[5] 中国华夏认证中心,挪威船级社. 中国旅游行业环境管理体系实施指南[R]. 2004.

[6] 中国认证认可信息网. http://www.cait.cn/.

11　环境管理中的公众参与

　　从社会学的角度讲,公众参与是指以社会群众、社会组织或个人为主体,在其权利义务范围内的有目的的社会行动。在中国,公众参与环境保护是公众有序参与政治与社会生活的一个重要方面,同时也是解决环境问题的重要途径。环境管理的主体是政府、企业、公众这三类社会主体。环境管理的对象也是政府、企业、公众这三类主体的环境行为。所以,环境管理就是政府、企业、公众这三类主体对其环境行为的自我管理和相互管理过程。第9章讨论了环境污染控制的三角形模型以及政府利用信息公开等手段引导社区参与环境管理的问题。本章专门讨论环境管理中的公众参与问题。在我国,公众参与是在环境影响评价研究中明确提出来的,本章也主要结合环境影响评价进行相关讨论。需要强调的是,公众参与起源于环境影响评价,但它的作用和适用范围并不局限于环境影响评价,而是可以贯穿于整个环境管理与规划的领域和过程中。

　　环境影响评价是我国环境管理体系的重要组成部分,是一种对规划和建设项目实施后可能造成的环境影响进行分析、预测和评估,提出预防或者减轻不良环境影响的对策和措施,进行跟踪监测的方法与制度,其目的是贯彻预防为主方针,将规划和项目可能造成的不利环境影响消除在规划和项目的早期阶段及实施过程中。在环境影响评价中进行公众参与,就是尊重公众的环境权,将规划和建设项目的相关情况及时告知公众,并将公众以及他们对规划和项目的意见、要求引入决策和实施过程。随着环境问题的发展和全社会民主法制意识、环境意识的不断提高,环境影响评价中的公众参与日益受到全社会的广泛关注,《中华人民共和国环境影响评价法》对此也提出了明确要求。为什么要在环境影响评价中进行公众参与,它越来越重要的原因是什么,如何进行公众参与,这是本章讨论的问题。

11.1　公众参与环境管理的意义

11.1.1　公众是环境影响评价主体系统不可缺少的组成部分

　　从理论上讲,环境影响评价是对规划和建设项目等事物的环境价值的评价,是对上述对象环境价值的社会定义过程。承认和重视公众的环境价值主体和环境影响评价、决策与监督的主体地位，尊重其价值选择，是公众参与的理论基础。事实上，任何活动都有可能在活动所在地对人类生活和环境的某些方面产生影响，这些影响将以"好""坏"或"重要""不重要"被人们感受到。因此，环境影响评价不仅涉及科学判断，也涉及价值判断，并与上述环境价值主体的利益息息相关。与环境有关的公众是环境价值主体中不可缺少甚至是最重要的组成部分，他们与环境发生具体的价值关系，环境的变化对他们影响最大。作为环境的主人，他们应该知道周围环境正在发生怎样的变化，并参与决定这种变化的过程。即使这一变化同时涉及与其他主体或更大主体中其他部分间的价值转移，需要进行价值平衡，他们也应参与决定至少是参与监督这一过程，使受到的损失得到必要的补偿。中国是人民当家做主的国家，公众有权知道在他们周围将进行什么建设活动、这些活动对环境将产生什么影响，也有权对此发表意见、参与决策过程。寻找一个合适的渠道帮助公众了解和参与环境影响评价，及时发表意见是至关重要的。如果我们期望一个项目按照当地社会的需求筹划，有效的公众参与就成为计划工作不可或缺的组成部分。没有这种参与，项目的建设就有可能走上一条脱离社会需求甚至与之相反的道路，即使从表面上看其目的是为了公众利益。公众参与的根本价值在于它提供了一个公开、公平的机制，保证各方面的环境主张得到表达，环境权利得到保障。

从一定的立场和角度看，受影响者总是少数。由于生活习惯、文化氛围、宗教信仰等主体状况和评价心理背景不同，决策者、审查者、评价者很难设身处地地了解受影响者的想法，或许我们认为毫无价值的东西恰为他们所珍视，或许我们认为项目提高了他们的物质生活水平，他们应该满意，而他们却可能因为失去了我们看来无足轻重的东西而痛苦。因为只有他们才与环境有切实的价值关系，才有"切肤之痛"，才能真正体会到开发建设活动给他们带来什么。因此，从一定意义上讲，公众的评价主体地位是不可替代的。

专家和权威部门的科学评价不但不能完全代替公众的评价，而且只有充分考虑了公众利益的专家意见才是科学和合理的。公众参与的思想体现了社会对每个个体的尊重，也有利于提高全民的环境意识。

主体相关性、多元性、多维性是环境、价值和评价的重要特点。在研究价值和评价的特点时，学者们十分重视、特别强调二者的主体相关性特点，一些学者甚至认为评价主体与价值主体是否相关乃是评价之所以确立的根本标志。环境影响评价是包含价值判断的评价过程，而不仅仅是识别、预测的技术过程。公众参与的实质是公众参与评价，使自己的价值观得到表达，他们在评价中具有主体地位，而不能仅被视为收集意见的对象。要承认和重视这种主体地位，尊重其价值选择，设立合理的渠道吸收他们参与环境决策。

11.1.2 参与环境管理是宪法和法律赋予公民的民主权利

我国《宪法》规定:"中华人民共和国一切权利属于人民","人民依照法律规定,通过各种途径和方式,管理社会事务"。管理社会事务也包括通过各种途径和形式管理环境保护事务,并对国家机关的环境保护工作进行监督,对其违法失职行为进行检举或者提出申诉、控告。这为公众参与奠定了宪法基础。1973 年,第一次全国环境保护会议提出"……依靠群众,大家动手……"32 字方针,把鼓励公众自觉参与环境保护提到显著地位。1989 年颁布的《中华人民共和国环境保护法》第六条规定:"一切单位和个人都有保护环境的义务,并有权对污染和破坏环境的单位和个人进行检举和控告。"这表明中国公众有参与环境管理的权利。《大气污染防治法》《水污染防治法》《海洋环境保护法》《环境噪声污染防治条例》等环境法律、法规及地方性环境法规也做了类似规定。《中华人民共和国环境影响评价法》对规划和建设项目环境影响评价中的公众参与做了具体规定。因此,参与环境管理和建设是一切单位和个人的权利和义务。

1992 年我国政府参加签署的《里约环境与发展宣言》,其原则十指出:"解决环境问题的最佳途径,是相应层次上全体有关公民的参与。在国家层次上,每个公民都应能通过适当渠道,了解官方机构持有的有关环境的信息,包括他所在社区内危险物品和活动的信息,获悉参与决策过程的机会。为了便利和鼓励公众的了解和参与,国家应保证这些信息的广泛公开性,应提供通向司法和行政程序的有效途径,包括赔偿和补偿。"

参与环境管理,对环境事务发表自己的见解是公民民主权利的重要组成部分,是人民群众当家做主的具体体现。贯彻落实这些规定是依法治国、保障公民法律权益的重要方面。

11.1.3 公众参与是公众实现环境权的一种具体方式

环境权的具体主张是德国的一位医生在 1960 年首先提出来的。1969 年,美国学者 Josph Sax 以法学中的"共有财产"和"公共委托"理论为依据,提出了系统的环境权理论。后来,日本学者又提出了"环境共有原则"和"环境权为集体权利原则",进一步发展了环境权理论。这些理论主张得到社会各界的赞同,使环境权在国际法和许多国家的法律中得以确认。

环境权的主体、客体和权利内容有逐渐扩大的趋势。过去人们只提到公民的环境权,现在已有国家环境权、组织和单位环境权的主张。权利客体也从自然环境扩大到文化环境。权利内容则超出了环境舒适权(阳光权、通风权、宁静权、眺望权、达滨权、清洁空气权、清洁水权)的范围,而包括了生命健康权和财产安全权。

Hannigan 认为,公众具有以下四种环境权利:获得关于自身环境状况信息的权利,当关于污染的主张产生时严肃听取情况的权利,从污染者方面获得赔偿的权利,决定被污染社区未来命运时的民主参与权利。

综上所述,环境权具体表现为以下权利:① 享受优良环境的权利,包括环境舒适权(阳光权、通风权、宁静权、眺望权、达滨权、清洁空气权、清洁水权)、生命健康权和财产安全权等;② 知情权,包括获得关于自身环境状况信息的权利、严肃听取情况的权利;③ 发表意见的权利和申诉权;④ 受到损害时要求停止损害和得到补偿的权利;⑤ 关于环境事务的民主参与权利等。随着社会发展和生活水平的不断提高,公众民主意识、环境意识日益觉醒,需求结构改变,环境权利要求必将日益强烈并具有实际意义。公众参与环境影响评价,为公众实现上述环境权利提供了一种具体形式。

11.2   公众参与环境管理的重要作用

坎特曾总结了环境影响评价中公众参与的优缺点。其优点是:给受影响的人们一个发表意见的机会;公众成员可能对决策提供有用的信息,尤其在某些价值或因素不容易定量表达的时候;有助于加强公众对该单位及其决策的信心,因为公众可以清楚地看到,一切问题都已经过充分而仔细的考虑;可起到安全阀的作用,如组织一个讨论会,可以让公众发泄被抑制的情绪;给决策者增加一项责任,由于要对公众公开,吸收公众的意见,迫使行政官员必须遵守决策时所需的程序。其缺点是:可能把一些问题搞乱,因为可能引进许多新观点;也有可能使缺乏知识的参加者接受错误的信息;公众参与后的结果不能肯定;使项目推迟并增加项目的费用。

公众参与在环境影响评价中的作用可以从以下方面认识:

(1) 有利于提高决策质量和规划项目的可接受性

虽然当地群众缺乏正规的专业培训,但十分熟悉和了解本地环境资源的情况,他们的有效介入可大大充实评价方的实力,有利于制定出最佳的环保措施。充分听取受影响者的意见,还可以使决策者更准确地理解受影响者的感受和要求,寻找更恰当的补偿和减缓措施,更好地权衡利弊、解决矛盾、避免后患。只要不过分依赖和夸大公众参与的作用,听取受影响者的意见不会对决策构成威胁,而且会有助于提高决策质量。

公众参与的基本出发点是让决策更多反映公众的意愿。从某种意义上讲,公众参与程度与最后决策是否正确并不一定成正比。公众参与程度越高,并不等于最后决策越正确。但它可以保证公众意愿能得以反映,决策易得到公众支持和接受。

(2) 有利于提高环境影响评价执行的有效性

公众长期生活在项目周围的环境中，与项目的影响密切相关，让他们及时、全面地了解项目情况，有利于加强对项目环境影响的日常监督，弥补常规监测和管理因成本太高等原因所形成的疏漏，促进企业重视环境保护，提高环境影响评价执行的有效性。广泛和全面的公众参与可以为环境保护提供重要的信息和监督保证，对开发行为提供足够的外部压力，并使这种外部压力转变为企业重视环保的内部需要。

张长义等对台湾案例的研究表明，公众参与是环境影响评价制度执行有效性中功能最为突显的、最主要的制度性因素。这是逐渐步入发达和接近发达国家和地区的普遍现象。与环境影响评价过程的其他部分不同，公众参与是计划开发单位真正面对外界质疑与批评的场合，开发计划的任何潜在环境影响都有可能在公众参与中遇到十分直接的挑战和压力。但公众参与的事实只在有足够的公众压力的条件下才能形成。在缺乏外部公众压力的条件下，即使有程序的规范、评审的制约，环境影响评价程序中的公众参与仍很少有充分实现的机会。在某种意义上，"环境政策的进展，不是通过政府或产业界的超前意识，而是通过和环境问题相关的众多市民或地方自治体的政治家们无休止的政治压力而达成的"。

(3) 有利于将潜在的社会冲突显化，使之得到及时的识别和解决

冲突是社会上不同利益群体，特别是支配群体与被支配群体间对立的产物。正确认识和解决冲突，在调节社会矛盾方面有一定的积极意义。环境冲突的原因很多，但归结起来有如下四点：认知上的冲突，即人们对同一事物的理解和判断不一致；价值观上的冲突，这是在最终目标上的不一致，如判断一个行动或结果是否应该发生；利益上的冲突，由于一项行动产生的费用和利益不可能平均分配，有人会通过某个行动获得更多利益，而有人则通过使之不发生而获得利益；人际关系和感情因素导致的冲突，如决策者可能会更偏好那些装备、组织良好，提出科学数据支持自己观点的团体，而不是那些仅以价值取向为基本出发点的团体。

西方社会学冲突学派的代表人物科瑟认为，冲突决不像以往学者理解的那样只有负作用，它也可以完成积极的功能。没有公开的冲突绝不是一个社会和谐稳定的标志。分歧公开地表现为冲突是一个社会团体关系正常、具有活力的征兆。因为只有冲突公开化才能得以调节。冲突既有消极的功能也有积极的功能，完成什么功能，取决于社会结构之不同。在一个没有或不充分具备对冲突给予宽容及使之制度化的社会里，冲突总是趋向为负功能。

冲突理论的另一位代表人物达伦多夫认为，冲突是每个时代、每个社会都存在的。现代工业社会的进步在于，它使潜在的冲突明朗化、制度化，给予这种冲突一

套调节机制,努力使社会组织中的冲突转化为积极意义上的社会变迁。

我国社会学家郑也夫认为,抛开天赋人权不谈,仅以代价而论,与其面对不满日益高涨的乌合之众,不如面对一个理性的、组织化的利益群体。如果冲突是客观存在的,使它公开化、明朗化、制度化将是代价最小、收益最大的调节方式。相反,虚饰"利益一致"就是放弃了对客观存在的"不一致"的积极调节。

环境影响评价的公众参与制度提供了一个论坛,可以使不同观点得到表达,提出各种竞争的和选择的评价,因此是一种使冲突显化的机制。

以上主要阐述了公众参与在环境影响评价中的积极作用,当然,不适当的公众参与也可能给项目或规划的决策和实施带来负面影响。如何针对不同的项目或规划,把握和选择环境影响评价公众参与的程度和具体的参与方式、方法,需要进行专门的研究和讨论。

11.3 公众参与环境管理需要注意的问题

在环境影响评价的公众参与中,"谁参与"即参与主体、"参与什么"即参与内容以及"怎么参与"即参与的方式和程度是需要讨论的基本问题。

11.3.1 我国《环境影响评价法》关于公众参与的规定以及需要进一步细化的问题

《环境影响评价法》对公众参与有如下规定:环境影响评价必须客观、公开、公正(第四条);国家鼓励有关单位、专家和公众以适当方式参与环境影响评价(第五条);除国家规定需要保密的情形外,专项规划的编制机关对可能造成不良环境影响并直接涉及公众环境权益的规划,应当在该规划草案报送审批前,举行论证会、听证会,或者采取其他形式,征求有关单位、专家和公众对环境影响报告书草案的意见(第十一条);对环境可能造成重大影响、应当编制环境影响报告书的建设项目,建设单位应当在报批建设项目环境影响报告书前,举行论证会、听证会,或者采取其他形式,征求有关单位、专家和公众的意见(第二十一条)。

在上述规定中,如何使环境影响评价"公开"? 谁是"有关单位、专家和公众"? 谁来确定,怎么确定? 什么是"适当方式"和除了论证会、听证会以外的"其他形式"? 除了被"征求意见","有关单位、专家和公众"还能怎样参与环境影响评价? 这些都是需要进一步细化的问题。这些问题有些涉及公众参与的主体、方式,有些涉及对公众参与甚至环境影响评价本身内容的理解。

《环境影响评价法》规定:环境影响评价是指对规划和建设项目实施后可能造

成的环境影响进行分析、预测和评估,提出预防或者减轻不良环境影响的对策和措施,进行跟踪监测的方法与制度(第二条)。对环境影响评价过程,除报告书编制、审查和措施落实以外的其他工作,《环境影响评价法》还规定:对环境有重大影响的规划实施后,编制机关应当及时组织环境影响的跟踪评价(第十五条);在项目建设、运行过程中产生不符合经审批的环境影响评价文件的情形的,建设单位应当组织环境影响的后评价(第二十七条);环境保护行政主管部门应当对建设项目投入生产或者使用后所产生的环境影响进行跟踪检查,对造成严重环境污染或者生态破坏的,应当查清原因、查明责任(第二十八条)。

显然,环境影响评价的完整过程和工作内容,不仅包括环境影响报告书编制之前和编制、审查以及报告结论的落实过程,也包括"规划实施后""建设项目建设、运行过程中"和"投入生产或者使用后"的"跟踪监测""跟踪评价""后评价"和"跟踪检查"。环境影响评价的公众参与也应该覆盖这些过程,根据这些过程的特点,设置不同的参与形式、渠道,确定不同的参与重点和内容。甘肃省环保局要求编制环境影响报告书时为建设项目指定环境保护义务监督员,这些义务监督员在项目的建设和运营过程中参与环境保护的监督管理,这种做法为扩展公众参与的范围提供了新的思路。

11.3.2　环境影响评价中公众参与的主体

环境总是相对于一定的中心事物而言的,中心事物和环境有密不可分的联系。在环境科学中,环境的中心事物或主体、主人是具体的个人、人群和人类社会。因此,在环境影响评价的公众参与中,环境是谁的环境?怎么看待与规划或项目有关、无关?哪些人有参与环境影响评价的愿望?哪些人可以参与?哪些人应该参与?哪些人必须参与?谁来识别和决定?这些都属于公众参与的主体问题。

按环境权的基本原理,一个人(团体、单位),只要他是环境的主体(有环境权),有参与的要求,就应该可以或有权利参与环境影响评价。按我国宪法和法律的基本精神,一个公民,如果他有参与的要求,也应该可以或有权利参与环境影响评价。对具体规划和项目的环境影响评价,由于现实条件的限制,具体参与的人员范围,只能根据项目的意义和影响及当时、当地的具体条件决定。

在环境影响评价中,除专业人员、业主和政府部门以外的所有与项目有关和对项目感兴趣的社会成员、组织都属于公众参与考虑的公众范围。有学者认为,是否与项目有关和对项目感兴趣取决于下列因素:

① 空间距离。生活在某个项目周围的人,很可能受到噪音、臭味、灰尘、搬迁威胁的人,可能是最明显受影响的公众。

② 经济利益。可能因项目建设而获得工作或在竞争中获益或者相反的团体。

③ 是否使用环境。拟议项目可能影响到的那些地区的环境使用者,也很可能对参与感兴趣,包括垂钓、狩猎者,徒步旅行者等。

④ 社会关注。那些把拟议项目看作是对地方社区传统和文化的威胁的人会对项目感兴趣。他们会觉得在一个区域一下子涌入大批项目建设者或者项目建设,可能导致该地区人口的长期增长,会对这个社区产生正或负效应。

⑤ 价值观。一些团体可能从上述四点看来都很少受影响,但他们如果认为拟议项目产生的某些问题会直接影响到他们的价值观,也会出于价值取向而积极参与。

在环境影响评价中主要应考虑的公众参与者包括:① 受建设项目直接影响并住在项目建设地点附近的人们;② 生态保护主义者和希望保证使开发与环境的需要尽量有效结合的生态学家,这些人愿意为环境保护提出相当大的财政开支;③ 在拟议行动实施后将获益的工商业开发者;④ 一般公众中享受高水平生活的那部分人,以及不愿为了保持自然保护区或风景区或无污染的水和空气而牺牲这种高水平生活的人。另外,重要的公众还包括媒体和与项目有关的其他部门。

《环境影响评价法》明确规定,和拟议规划、项目有关的单位、专家和公众是征求意见的对象,但如何判定是否与一个规划和项目有关是比较复杂的问题。一个具体项目的有关范围可能局限在项目周围,但一个与某人类遗产相关的规划和项目,其有关范围可能扩展到全球。究竟哪些公众与项目有关和对项目感兴趣,一般可以采取规划编制和项目建设单位识别、第三方识别和公布有关消息由公众自我识别三种方法。那些参与主体比较简单、明确的规划和项目,可以采用第一种识别方法;规划编制和项目建设单位难以识别或难以保持客观,或容易发生争议的规划和项目,可以在管理部门的主持下,由第三方识别或提出咨询意见;影响和意义重大的规划和项目,其公众参与主体识别应该采取公布有关消息由公众自我识别的方法。而且,随着人民群众民主意识、能力和环境意识的提高,应逐步扩大第三种方法的范围,这才符合公众自主参与的本意。

有时,研究和区分公众的类型和参与的原因是重要的:如他们是代表自身利益,还是代表第三者利益? 他们是新手,还是老手? 他们属于哪一团体、社会运动? 有什么职业特征(如医生、科学家等)? 他们为何参与? 人员类型和参与原因分析可以帮助研究者准确地把握问题的实质,采取相应的对策。

11.3.3 公众参与的真实性与参与程度

公众对一个计划的介入可以分为知道、介入和参与三个水平,不同介入水平的活动特征见表 11.1。张庭伟总结了西方国家环境决策、城市规划中公众参与的基本情况。他认为,虽然公众参与的基本出发点是让决策更多反映公众的意愿,但在实践中,公众参与的方式不同,公众意愿体现的程度也不大相同。可以按公众参与的程度,将其划分为从完全没有参与、有所参与、平等地分享计划权力,到完全控制计划过程的不同等级(表 11.2)。

表 11.1　公众对计划的介入水平

介入水平	活动特征
知道(Awareness)	独角戏、改变、单向、象征性、操纵、应付
介入(Involvement)	对话、互动、双向、协议、咨询
参与(Participation)	授权、计划、伙伴、市民控制

表 11.2　公众参与的类型与程度

序号	公众参与类型	公众参与程度
1	操纵型	没有公众参与
2	说服型	
3	通知型	象征性参与
4	咨询型	
5	安慰型	
6	伙伴型	公众权力性参与
7	代表权力型	
8	公众控制型	

　　操纵型和说服型公众参与描述了无诚意的计划者试图以非参与替代真正的参与。他们的真实目的不是使人们参与,而是使"掌权者""教育"和"说服"参与者。通知型公众参与向市民介绍预定目标和规划大纲,目的是"上情下达",让市民知道"我们已有了很好的目标,一个完美的规划",将来按此行事就是。或者,形式上也组织了公众意见听取会,但听取会仅为了走过场,事先既无通知,让市民有所准备,会上也不给充分时间发表意见,只求把自己的目标、方案推销给公众。咨询型公众参与组织了公众意见听取会,但目的不是为了收集意见,以更佳的方案实施目标,公众只扮演一种咨询的角色,并无决策权。这两级属于象征性水平,它允许公众了解情况和发言,但却不保证他们的意见受到注意。安慰型公众参与中的公众委员会拥有一定的决策权,但委员会中大多数代表是官方指定的,仅给有限的席位予真正民选的代表,所以普通百姓的代表只是"少数派",在投票表决时占劣势,这是一个较高水平的象征性参与,允许穷人提出建议,但掌权者一直保留着决定权。伙伴型公众参与的决策者认识到公众意愿的重要性,允许公众自选代表,并和公众建立了伙伴关系(Partnership),进行协商与谈判,这种公众参与在某种程度上已实现了

决策权的分配：公众享有一定的决策权，虽然决策者仍占主导地位。代表权力型公众参与的官方机构不参与决策，把全部决策权交给公众委员会，作为交换，行政机构要求公众委员会的决策必须符合某些要求，或者在某些条件的框架内。公众控制型公众参与的官方行政机构完全不干涉公众委员会的活动，民众的公众委员会只对居民负责，享有充分的决策权，行政机构以财经、行政手段支持公众委员会的决策。这两层达到序列的顶级，群众掌握了多数或完全的决策权。

有研究者认为，在西方国家，大多数公众参与仍停留在3,4或5级，达到顶级的情况是很少的。比如，在英国的一个关于除草剂的公共争议中，农林工人的经验知识被科学家拒绝，因为它们贬低和威胁了科学家的社会身份。在一个项目的公共发布会上，公共事业部的成员、当地的政治家（他们强烈支持该项目）和提出项目建议的私人公司代表一起坐在会议桌旁，周围布置了图表、放大的照片和其他强化组织者权威的道具。市民提出的很多问题未得到回答。那些对项目的适宜性提出疑问的人受到轮番的欺负和说教。在引起争议的问题上，官方代表引用大量先前未公布，因而市民在没有进行进一步研究的情况下无法赞同或否定的统计数据（被称为技术信息轰炸）。在这样的会议上，科学家和政府官员联合起来控制会议，主导讨论，使用了很多限制讨论、回避难题和执行既定日程的措辞技巧。居民在会上与其说是被通知和说服，不如说更多的是受到控制，其感觉是正在进行一场注定要失败的战斗。

11.3.4　公众参与的发展须与整个国家民主法制建设、政治文化、公众素质相适应

公众参与在西方国家开展较早，积累了比较丰富的经验，有比较完善的公众参与程序与规则，一般的做法是：通过新闻媒介（报纸、电台、电视台、公共网络）或张贴公告，公布拟建项目的厂址、内容，让公众了解建设项目的情况；通过新闻媒介公布公众听证会的时间和地点，请公众参加；通过公众听证会，听取公众的意见，并进行解答；在环境影响报告书中，有专门章节论述公众的意见（包括听证会的记录）。

在工业化国家，公众参与在环境影响评价中占据重要位置，特别对涉及移民的项目，移民的意愿对项目能否实施十分重要。在公众听证会上，公众可以就建设项目带来的环境影响发表意见，有时会有激烈的辩论。公众如对报告书不满意，认为不足以解决提出的问题，可以对建设项目提出异议，并诉诸法律，由法院进行裁决。另外，同公众磋商已被视为环境评价工作中不可缺少的一部分。这些情况和他们的国情是相互关联的，如在这些国家，如果公民得知某项目，而且知道在哪些场合可以讨论其环境意义，那些最感兴趣的公民就会去参加；参加的公民习惯于坦率的、有来有往的民主讨论，并且在质询拟议的政府行动后，不会遭到重大的个人或

政治风险;违反公众意愿的项目如果建设,公众可以通过完善的司法手段维护自己的利益。根据我国的民众心理和政治文化,上述有些条件目前还不具备。

20世纪90年代以来,我国非常重视在环境影响评价中开展公众参与工作,学者们在实践的基础上总结和提出了不少新的做法和思路,如EIA工作大纲和EIS完成后,在项目选址区附近公共场所陈列供公众阅览;建设单位举行公开说明会,收集当地公众和有关机构的评论和意见;EIS审查结论或审批意见通过媒体向公众公开;通过报纸、广播、电视等大众媒体或召开信息发布会,发布项目信息;设置热线电话、公众信箱或进行问卷调查,回答公众提出的问题,记录公众的建议,收集反馈信息。有的学者将公众参与的步骤总结为:信息发布—信息反馈—反馈信息汇总—与公众进行信息交流—项目决策等。

需要说明的是,不能将EIA中的公众参与仅仅理解为一个信息过程,还要真正下力气解决公众参与中提出的实际问题。只有这样才能使公众感到他们的参与是有意义、有效力的,使他们的参与积极性得到保护,敢于参与,乐于参与,真正发挥参与的作用。另一方面,正如目前对EIA的理解已扩展到项目计划、建设和运营的整个过程,对公众参与的理解也不能仅局限在项目决策阶段。注意收集建设和运营过程中的公众意见,并认真落实处理,同样十分重要。如果说计划过程中更多地要依靠科学家和技术人员的知识、经验,运营时则更多地要依靠业主和了解项目情况的公众的监督。建立和使公众了解项目建设和运营阶段的参与渠道,是需要管理部门和研究者关注的重要问题。

目前在我国的法律规定中,EIA中的公众参与在责任主体、参与范围、参与时间和程度上与国外有所不同。如我国征求公众意见是规划编制单位和项目建设单位的职责,实际操作中一般将参与的公众限定为项目周围受影响的单位和居民,参与时间主要为报告书编制过程,信息发布不够充分。而在国外公众参与的组织工作一般由政府环保部门担任,公众范围除了受影响者,还包括其他感兴趣的人,参与的时间和程度也更为广泛一些。今后的努力方向是严格公众参与程序,确立信息公开制度,不断扩大直接参与的范围,并认真对待公众意见,切实保证公众有充分、真实的参与机会,提高环境影响评价及公众参与的实效。

公众参与意识的培育是环境保护事业的重要组成部分,是历史趋势和迫切的现实需要。但公众参与和公众环境意识的作用应全面认识。以往我们多注意提高公众环境意识的正面作用,对它可能带来的问题认识不够。已有学者指出,对于社会政治稳定来说,较低的环境价值意识有一定好处,它降低了经济发展的政治风险。如果环境意识过分超前于经济发展而形成一股政治力量,是不利于社会稳定的。从经济的角度来说,环境意识增强,意味着环境比较价值提高,无疑会提高环境和劳动力要素价格,加大企业的生产成本,降低其市场竞争力。

这种观点对我国面临的紧迫的经济发展形势具有一定的实践意义。公众高涨的环境意识是一柄双刃剑，与经济建设、政治稳定既促进又矛盾，既是环保工作的根本动力和环保执法的群众基础，也可能在特定条件下转变成一种现实的社会不稳定力量，需要合理掌握。公众参与的发展是一个过程，必须与整个国家的民主法制建设、政治文化、公众素质和经济发展形势相适应。

 **阅读材料**

公众参与推动厦门海沧 PX 项目搬迁

厦门海沧 PX(对二甲苯)项目是指 2006 年厦门市引进的总投资额达 108 亿元的腾龙芳烃(厦门)有限公司的一个化工项目，是厦门市有史以来规模最大的外商投资项目，其预期年产值几乎相当于整个厦门市 GDP 的 2/3。"属危险化学品和高致癌物"的 PX，原本应该远离城市 100 km 生产才能确保安全，但是该项目中心地区距离厦门市市中心和国家级风景名胜区鼓浪屿均只有 7 km，距离拥有 5 000 名学生(大部分为寄宿生)的厦门外国语学校和北师大厦门海沧附属学校仅 4 km……项目 5 km 半径范围内的海沧区人口超过 10 万，居民区与厂区最近处不足 1.5 km。而 10 km 以内范围，覆盖了大部分九龙河口区、整个厦门西海域及厦门本岛的 1/5。此外，该项目的专用码头，就坐落在厦门海洋珍稀物种国家级自然保护区，而在该保护区内，生活着中华白海豚、白鹭和文昌鱼等诸多珍稀物种。

该项目自立项以来，一直遭到社会的质疑。尽管国家环保总局的有关领导对这些质疑提出的问题表示了认同和理解，但由于该项目已经经过单个项目环境影响评价，并且得到了国家发改委的批准，国家环保总局在项目"迁址"问题上根本没有权力。随着该项目的推进，更多的信息通过媒体、网络等渠道被披露，当地民众的反应也越来越激烈。厦门市居民为反对当地政府建设海沧 PX 项目进行了游行示威。2007 年春天的全国政协会议上，中科院院士赵玉芬、原北京航空航天大学校长沈士国、院士沈中群等 105 个政协委员联名签署了"关于厦门海沧 PX 项目迁址建议的议案"，成为政协的头号重点议案，引起了媒体和民众的强烈关注。一石激起千层浪，一时间"厦门 PX"成为海内外网民点爆的热门词汇。2007 年 6 月 1 日，数万厦门市民以散步的形式集中在厦门市政府门前表达反对厦门上 PX 项目的诉求。由于全国政协委员的联署提案和厦门市民的上街，引起了省市政府的高度重视。福建省委要求省政府立即召开专题会议研究，并提出从尊重民意和专家的意见出发，先决定缓建 PX 项目，厦门市立即表态缓建并邀请国家级专家对该项目可能对厦门市的环境影响作出评估。2007 年 12 月 13 日，厦门市组织了有市民代表参加的座谈会,会上85%以上的代表均表示反对在厦门建PX项目,民意再一次站到了上风。

最后,福建省委所有常委参加了福建省政府召开的专题会议,最后研究厦门PX项目的问题。会议形成了一致意见:决定迁建厦门PX项目,预选地段将在漳州市东山湾北岸的漳浦县古雷半岛。

公众参与推动了厦门PX项目迁址,使厦门PX事件峰回路转,最终民意获得了胜利,以投资上百亿的PX项目搬迁而告终。另一方面,这场厦门市民的环境保卫战的胜利得益于信息的披露,通过媒体、网络等渠道对PX项目信息披露使得公众知道了PX项目对自己所处的环境即将产生的危害。

 复习思考题

1. 为什么说公众参与起源于环境影响评价,但不限于环境影响评价?
2. 公众的环境权包括哪些内容?
3. 怎样看待公众参与环境管理的方式和程度?
4. 公众参与环境管理有什么意义?

 参考文献

[1] 中华人民共和国环境影响评价法.2003.

[2] 国家环境保护总局.环境影响评价公众参与暂行办法.2006.

[3] 张辉.加拿大环境评价及其对中国环境影响评价的启示[J].环境科学,1996(S1):24-31.

[4] 李新民,等.中西方国家环境影响评价公众参与的对比[J].环境科学,1998(S1):58-61.

[5] 李天威,李新民,等.环境影响评价中公众参与机制和方法探讨[J].环境科学研究,1999(2):36-39.

[6] 田良.环境影响评价研究:从技术方法、管理制度到社会过程[M].兰州:兰州大学出版社,2004.

[7] 田良.公众参与环境影响评价的意义与作用[J].西安交通大学学报:社会科学版,2005(3):47-50.

[8] 田良.论环境影响评价中公众参与的主体、内容和方法[J].兰州大学学报:社会科学版,2005(5):131-135.

[9] 王远.环境管理[M].南京:南京大学出版社,2009.

第 3 篇　环境规划

12　环境规划总论

12.1　环境规划的概念

环境规划是环境管理的重要内容和基本职能之一，是经济和社会发展规划或城市总体规划的组成部分，是应用各种科学技术信息，在预测发展对环境的影响及环境质量变化趋势的基础上，为了达到预期的环境目标，进行综合分析作出的带有指令性的最佳方案。其目的是在发展的同时保护环境，维护生态平衡。

《中华人民共和国环境保护法》第四条规定："国家制定的环境保护规划必须纳入国民经济和社会发展规划。国家采取有利于环境保护的经济、技术政策和措施，使环境保护工作同经济建设和社会发展相协调。"第十二条规定："县级以上人民政府环境保护行政主管部门，应当会同有关部门对管辖区范围内的环境状况进行调查和评价，拟定环境保护规划，经计划部门综合平衡后，报同级人民政府批准实施。"环境规划写入环保法，为制定环境规划提供了法律依据。

根据《现代汉语词典》，规划是"比较全面的长远的发展计划"，而计划是"工作和行动以前预先拟订的具体内容和步骤"。

规划是非单一的、非短期的计划，与未来的动态发展、变化、变动有关，具有预测性的特点。需要把握变化趋势，提出具有综合性、全局性、战略性的措施，指导具体工作(包括具体计划工作)的开展。

规划具有实践性，它既是有关科学原理的应用，又是具体工作的指南。规划是要实际操作的，不仅是科学技术工作，也涉及人们的切身利益(包括环境利益和经济利益)，因此，又有很强的政策性。

规划成果主要体现为图表、方案文本和对发展规划的看法(有些规划专家将其概括为"大块图纸、大块文章")。规划是一种人类有目的的社会行为，体现为一个过程和一种工作。关于规划活动规律的科学理论和规划方法的研究则构成了规划学。

环境规划是环境保护规划的简称。环境规划不是规划环境，环境规划的对象是环境保护工作。环境保护的定语说明了环境规划的工作目的、工作对象和工作内容。环境规划可简而言之为：为协调人—环境的关系，人类在环境保护方面制定的较为全面和长远的工作计划。

以下关于环境规划的说法可以帮助我们理解环境规划的主要工作内容和方法：

Environmental planning seeks to improve and protect environmental quality for urban residents — both through controlling the generation of pollutian and through segregation activities that are environmental incompatible.

12.2　环境规划的分类

环境规划可以从三个角度进行分类：

（1）从空间或管辖范围特点

按自然地理章和区域类型可分为：流域环境规划、城市环境规划、海岸带环境规划、工矿区环境规划、风景旅游区环境规划、开发区环境规划等。

按行政管辖权可分为：全球环境规划、区域环境规划、国家环境规划、大区环境规划、省级环境规划、市级环境规划、县级环境规划等。

（2）从规划期的长短和规划目标的时间特点

近期环境规划：1～5 年；中期环境规划：5～10 年；远期环境规划：10～20 年。

（3）从环境要素或工作内容

专项环境规划：大气污染控制规划、水污染控制规划、固体废弃物管理规划、噪声污染控制规划、清洁能源计划、臭氧层保护计划、生态环境保护和建设规划等。

综合环境规划：环境污染综合防治规划、环境保护总体规划等。

以上分类角度综合使用，可确定一个环境规划的具体类型。如《兰州市 1991～2000 年环境污染防治规划》属于城市、市级、中期、综合环境规划。

另外，还可以根据环境与经济目标的关系和优先顺序，将环境规划分为经济制约型环境规划、环境制约型环境规划和经济—环境协调型环境规划。

12.3　主要环境规划类型的内容和特点

12.3.1　国家环境规划

国家环境规划协调全国经济社会发展与环境保护之间的关系，是全国发展规划的组成部分，是全国的环境保护工作的指令性文件，省、市各级政府和环保部门都要依据国家环境规划提出本地的环境保护目标和要求,结合当地实际情况制定本地区的环境规划。

12.3.2　区域环境规划

区域在我国习惯上被认为是省或相当于(或大于)省的经济协作区。区域环境规划的综合性、地区性很强,是国家环境规划的基础,又是制定城市、工矿区环境规划的依据。

12.3.3　部门环境规划

部门环境规划包括工业部门环境规划、农业部门环境规划、交通运输部门环境规划等。UNEP制定的全球环境保护规划,如臭氧层保护规划,也属于此类。这类环境规划往往带有很强的行业特点,针对本行业、部门共同的环境问题,提出针对性的解决措施。

12.3.4　生态规划

在编制国家或地区经济社会发展规划时,不能单纯考虑经济因素,而是要把当地的物理系统、生态系统和社会经济系统紧密结合在一起进行考虑,使国家或区域的经济发展能够符合生态规律,既能促进和保证经济发展,又不致使当地的生态系统遭到破坏。一切经济活动都离不开土地利用。各种不同的土地利用方式对地区生态系统的影响是不一样的,在综合分析各种土地利用方式的"生态适宜度"的基础上,制定土地利用规划是环境规划的中心内容之一。这种土地利用规划通常称为生态规划。

12.3.5　污染防治规划

污染防治规划也称污染控制规划,是当前我国环境规划的重点,根据范围和性质又可分为区域和部门污染控制规划。前者如经济协作区、能源基地、城市、水域等的污染综合防治规划;后者如工业、农业、第三产业和企业污染防治规划等,工业污染防治规划还可按行业再分为化学工业污染防治规划、石油工业污染防治规划、轻工业或冶金工业污染防治规划等。

区域污染综合防治规划的工作内容包括:环境调查与环境基本状况的分析评价;环境预测——对不同发展建设方案都要进行环境影响预测;提出恰当的环境目标;各种污染防治系统的规划设计(技术对策、管理对策等);对污染防治所需的人、财、物的规划;环境规划的实施保证等。

不同经济部门由于其经济活动特点不同,对环境的影响也不一样。工业、农业、商业、交通运输业都有各具特点的环境问题,按部门、行业制定污染防治对策是非常必要的。这种类型的污染控制规划,要密切结合各部门的经济发展,提出恰当的环境目标、污染控制指标、产品标准和工艺标准。

12.3.6 自然保护规划

根据《中华人民共和国环境保护法》,这类规划主要是保护生物资源和其他可更新资源,还有文物古迹、有特殊价值的水源地、地貌景观等。我国幅员辽阔,野生动植物和其他可更新资源非常丰富,具有特殊价值的保护对象也比较多,迫切需要分类统筹加以规划。

12.4 环境规划的作用

12.4.1 促进环境与社会、经济持续发展

环境规划是人类为使环境与经济社会协调发展而对自身活动和环境所做的时间和空间的合理安排。为达此目的,需做三件事:① 根据保护环境的目标、要求,对人类经济和社会活动提出一定的约束和要求,如确定合理的生产规模、生产结构和布局,采取有利于环境的技术和工艺,实行正确的产业政策和措施,提供必要的环境保护资金等;② 根据经济和社会发展以及人民生活水平提高对环境越来越高的要求,对环境的保护与建设活动作出时间和空间的安排与部署;③ 对环境的使用和状态、质量目标作出规定,包括环境功能区划,确定不同的用途和保护目标等。因此,环境规划是一种克服人类经济社会活动和环境保护的盲目性和主观随意性的科学决策活动,预防为主,防患于未然。它的重要作用就在于协调人类活动与环境的关系,预防环境问题的发生,促进环境与经济、社会的持续发展。

12.4.2 保障环境保护活动纳入国民经济和社会发展计划

不管是计划经济还是市场经济,环境保护都离不开政府的主导作用。我国经济体制由计划经济转向社会主义市场经济后,制定规划、实施宏观调控仍然是政府的重要职能,中长期计划在国民经济中仍起着十分重要的作用。环境保护活动是我国经济生活中的重要活动,又与经济、社会活动有着密切的联系,必须纳入国民经济和社会发展计划之中,进行综合平衡,才能顺利进行。环境规划就是环境保护

活动的行动计划,为了便于纳入国民经济和社会发展计划,环境规划在目标、指标、项目、措施、资金等方面都应经过科学论证、精心规划。总之,要有一个完善的环境规划,才能保障环境保护工作纳入经济和社会发展计划。

12.4.3 以最小的投资获取最佳的环境效益

环境是人类生存的基本要素,又是经济发展的物质源泉,环境问题涉及经济、人口、资源、科学技术等诸多方面,是一个多因子、多层次、多目标、庞大的动态系统。保护环境和发展经济都需要资源和资金,资源和资金又是有限的,特别是对于我国来讲,百业待兴,资金短缺,如何用最小的资金,实现经济和环境的协调发展,就显得十分重要。环境规划正是运用科学的方法,保障在发展经济的同时,以最小的投资获取最佳环境效益的有效措施。

12.4.4 指导各项环境保护活动的进行

环境规划制定的目标、指标和各种措施乃至工程项目,给人们描绘了环境保护工作的蓝图,指导环境建设和环境管理活动的开展。没有一个科学的规划,人类活动就是一个盲目的活动。环境规划是指导各项环境保护活动克服盲目性,按照科学决策的方法规定的行动计划。为此,环境规划必须强调科学性和可操作性,以保证科学合理和便于实施,更好地发挥环境规划的先导作用。

12.5 环境规划与其他相关规划的关系

这里主要讨论环境规划与经济社会发展战略、国土规划、城市总体规划、国民经济和社会发展中长期规划等的关系。

经济社会发展战略是指一个较长历史时期内经济和社会发展的总目标和总任务,以及所要解决的重点,所要经历的阶段,所要采取的力量部署和重大政策措施的总和,环境问题是应该涉及的重点问题之一。国土规划是国民经济和社会发展计划体系的重要组成部分,是高层次、长远性的资源综合开发、建设总体布局、环境综合整治的指导性计划。国民经济和社会发展中长期计划是国民经济和社会发展计划体系的重要组成部分,是保证国民经济按比例和持续、稳定协调发展的重要手段,它侧重于速度、比例、规模的时间约束的规定,是一个指令性和指导性并重的计划,环境保护也是应该包含的重要内容。城市总体规划是指为了确定城市性质、规模和发展方向,实现城市经济和社会发展目标,合理利用城市土地,协调城市空间布局和各项建设所作的综合部署,侧重于从城市形态设计上落实经济、社会发展目标,环境保护也是应涉及的重要内容,规划的期限一般是中长期,即5～10年。

　　与上述规划和计划相比,环境规划是国民经济和社会发展计划体系的重要组成部分,是一个多层次、多时段的环境保护方面的专项规划。拿一个城市来说,城市环境长远战略规划是城市发展战略和国土规划的重要组成部分,是城市环境保护的最高层次、长远的宏观指导性规划。城市环境规划(规划期一般5～10年)是城市环境保护中长期、中短期乃至重大建设项目的指导性规划。它与城市总体规划有着密切的联系,其中与环境保护有关的城市基础设施的建设(道路、绿化、电厂、大型污水厂、管道系统等)是城市总体规划的重要篇章,但包含的内容又不尽相同,其中关于污染源的控制和污染治理设施建设与运行是城市总体规划所不包括的内容。城市环境规划与城市经济和社会发展中长期计划也有着密切的联系。城市环境规划是制定城市经济和社会发展中长期计划中的环境保护计划的依据,城市环境规划是指导性的,而后者应该是指令性的。在商品经济社会中,市场调节将逐步加强,由于环境的外部不经济性,环境保护更需要加强计划的指令性,才能有效地保障其顺利进行。城市环境规划纳入国民经济和社会发展计划,形成国民经济和社会发展中长期计划中的环境保护计划,就是这种含义。两者的重要差别还在于,环境规划在说明要达到的目标和要做的事情的同时,还要对其进行充分的论证和计算,而后者只要说明要达到的目标和要做的事情。为使环境规划纳入国民经济和社会发展计划,环境规划要有多方案的比较,以及各种方案的优先顺序,以便纳入计划时,可以根据当时的经济实力和其他条件,选择不同的目标和方案。

12.6　环境规划的工作程序与方法

　　环境规划的基本方法是目标规划法和仿真规划法。为了适应大型规划项目的需要,往往需要使用从定性到定量的综合集成方法;而对于农村和比较小的社区环境规划,可提倡使用参与式的社区规划方法。

12.6.1　目标规划法

　　目标规划法是环境规划的基本方法。如图12.1所示,其基本步骤包括:首先,进行规划区的环境现状调查与评价,摸清规划区现有的环境质量、环境问题等基线。其次,对规划区人口、经济、城市发展、能源消耗、环保治理投资能力等进行调查和评价,对规划区的社会经济发展规划进行调查分析,以此为基础,建立人口、经济—污染物排放—环境质量的耦合模型。第三,通过环境功能区划确定不同区域的环境保护目标,以此为约束条件,建立决策变量(人口、经济、能源、治理力度与保护目标)之间的数量关系——优化模型(常见的优化模型是线性规划模型)。第四,求解规划模型,针对规划模型的解对应的具体措施,研究其技术和经济可行性,提出具体的规划方案以供决策。通过,则组织实施;不通过,或者对社会经济发展目标和规划进行调整,或者对环境功能区划和环境保护目标进行调整,直到找到各方面都能接受的方案。

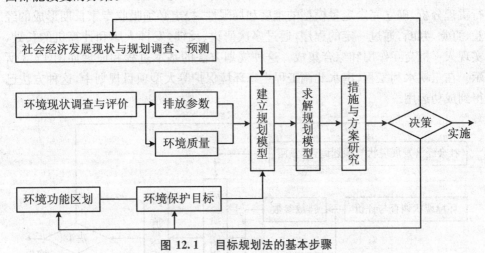

图 12.1　目标规划法的基本步骤

目标规划法以规划模型的建立与求解为中心环节,是典型的数学规划问题。对资料的需求量大,质量要求严,有比较明显的理论色彩和理性色彩,模型的解与实际治理措施的对应往往比较困难,技术难度比较大。

12.6.2　仿真规划法

仿真(Simulation)规划法基本程序和目标规划法相仿,只是规划模型被环境质量预测模型代替,另外在模型的输入中,可能采取的环境保护和治理措施成为重要内容。如图 12.2 所示,该方法以模拟技术为基本工具,以预测模型为中心;将社会经济发展规划、环境质量预测和可能采用的保护和治理措施及其效果作为环境质量预测模型的输入,进行情景分析;最后,根据情景分析的结果,对方案和/或目标进行调整。这种方法比较注重实际,它不是追求理论上的最优化,而是追求方案的可接受性和实际效果,主要运用模拟和仿真技术对不同方案进行对比优化。

12.6.3　从定性到定量的综合集成方法

著名科学家钱学森教授认为,以人为主、人机结合、从定性到定量的综合集成,就是把一件非常复杂的事情的各个方面综合起来,把人的思维、思维的成果、人的知识与智慧以及各种情报、资料、信息统统集成起来。他把"综合集成"的英文定名为"metasynthesis engineering"。从定性到定量的综合集成政策研讨厅体系是这种方法的具体实现形式,这是钱学森从大量的系统工程实践中总结出来的一种科学方法,又称大成智慧学(Metasynthesis)。这种规划方法注意到开放的复杂巨系统的特点:不确定性、包含不可控因素、非线性作用、随机性,注意到对这种系统进行机理分析,确立完全定量模型的难度和局限性,提出必须吸收专家长期形成的经验、直觉、判断,通过一定的程序,通过多次研讨、反馈,发挥人脑和计算机的长处,实现人—机交互作用和综合集成。这种规划方法的基本过程和原理如图 12.3 所示。在三峡水利工程、南水北调工程生态环境保护等大型项目规划中,这种方法已得到成功运用。

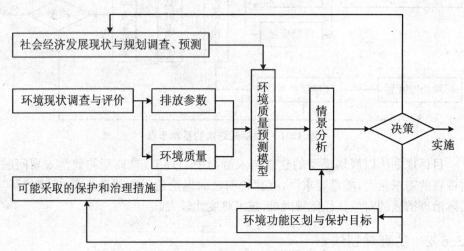

图 12.2　仿真规划法的基本步骤

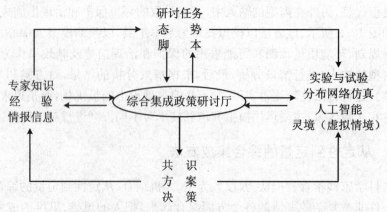

图 12.3　综合集成政策研讨厅体系的基本原理

12.6.4　参与式社区规划方法

参与式社区规划方法（Participatory Community Planning），由于多用于乡村规划，在相应案例中也称参与式乡村规划方法（Participatory Rural Planning）。其基本理念是：以人为本，以社区为本，认为社区群众是社区的主人，他们最熟悉社区，最清楚社区问题的原因和解决途径，社区的环境最终要靠社区群众保护，要依靠他们做规划、实施规划，相信问题和方法都在社区内部而非外部。这种规划方法注重本土知识和经验的学习，强调外来者只是规划过程的协助者。在规划的内容上注重社区能力建设和规划的可持续性，强调自下而上地设计项目、征求方案。这种规划方法关注弱势群体和社会性别意识，强调培养社区群众对规划过程和措施的拥有感，常常采用大事记、资源图、平面图等简单工具收集信息，建立和社区群众讨论问题的平台。这是一种尊重社区，依靠社区做规划的方法。这种方法适合做小型规划，多见于一些发展援助组织的项目规划。

阅读材料

参与式社区工作方法及应用案例

（1）参与式社区工作方法的来源与特征

参与式社区工作方法在国际上形成于 1970 年，引进中国并逐步应用已有三十多年的历史。这是一种针对具体社区，以社区居民为参与主体（Participants），以提高社区自我持续发展能力为目的的社会工作方法。该方法目前的主要应用形式是参与式农村评估（Participatory Rural Appraisal，PRA），经常运用于农村发展项目的设计、实施、评估、验收过程中，是一种"来自农户、依靠农户、与农户一道学习"，了解农村生产生活状况及条件，共同探求解决方案的工作方法。参与式社区工作方法广泛应用于与农村发展有关的扶贫、资源管理、环境保护、小流域治理等国际援助项目，成效明显，并显示出许多优越性。现在，这种工作理念逐渐渗入到社会生活的各个领域，社区的范围也从农村社区扩大到城市社区。

参与式社区工作方法相对于传统做法主要强调两点：社区和参与。传统做法忽视社区的异质性，强调统一规划、统一设计、统一实施，而参与式工作方法以社区为基础，将社区居民作为工作中心和实施主体，是一个依靠和想方设法引导、调动社区居民参与项目实施的过程。参与的核心是"赋权"，即将项目决策权和实施权交给参与主体，外来者只是项目的引导者、推动者、服务者。该工作方法的基本原则和特点是：

① 根据社区的资源潜力，确定发展目标，实施发展项目。

② 项目的主体是社区居民，以人为本，充分重视参与主体的愿望、利益和需求。

③ 强调自愿参与，并十分重视弱势群体和妇女的参与。

④ 实行自下而上的决策，经常和居民研究讨论，充分重视和发挥乡土知识和传统经验的作用。

⑤ 注重培育社区居民对项目的拥有感和责任感，注重社区能力建设。

⑥ 在发展手法上注重示范与倍增作用。

⑦ 转变传统工作思路，由"为(for)农民工作"转变为"和(with)农民一起工作"。

实践表明，参与式工作方法具有以下突出优势：

① 突破传统工作模式，以社区为基础，具体问题具体分析。

② 社区居民变被动参与为主动参与，深化了当地居民对项目的参与程度，充分体现自主决策，增强了社区居民对项目的拥有感。

③ 可有效提高社区居民的可持续发展意识，以及自我发展能力。

④ 社区居民在获得对项目的知情权、选择权、监督权以后焕发出更高的积极性和创造性，起到事半功倍的效果。

⑤ 项目的失败率下降，可持续性明显增强。

(2) 应用案例：民勤县绿洲沙漠化防治与社区扶贫项目

甘肃省民勤县地处河西走廊东部石羊河下游，东西北三面被腾格里和巴丹吉林两大沙漠包围，年降水量115 mm，蒸发量2 644 mm，属于典型的西北干旱内陆区，是亚洲中部主要的沙尘暴源区之一。民勤绿洲守护着河西走廊的安全，在西北及全国生态格局中占据重要地位。近三十年来，由于石羊河上游用水量不断增加，加上下游不合理的开发利用，导致地下水位下降，下游绿洲地表植被大面积衰败或死亡。当地群众主要以种植棉花、茴香等传统经济作物为主，经济效益、生态效益不好，沙漠化非常严重。

2003 年 4 月开始，兰州大学资源环境学院和香港乐施会合作开展"民勤县绿洲沙漠化防治与社区生态扶贫项目"。在项目设计、规划和评估的过程中采用了参与式社区工作方法，使沙漠化防治与社区发展相结合，以社区居民为主体，调整产业结构和生活方式，改善人地关系，推动整个地区建立生态保护与社区发展的良性循环。

项目分应用研究和生态扶贫两个层次：应用研究包括查清近五十年民勤盆地绿洲沙漠化发生发展的动态过程和原因，分析沙漠化的机制，以生态退化最严重的湖区为典型区域，计算绿洲生态承载力，对沙漠化及其治理提出实用对策；生态扶贫则主要以村民为主体，运用参与式社区工作方法组织实施具体的生态建设和扶贫活动，充分体现贫困农民的意愿，自下而上地设计项目内容。其中生态扶贫是项目的主体。项目按如下过程设计：

① 工作人员运用实地考察、半结构访谈、绘制资源图和村民大会等方式，深入农户家庭，了解项目区现状，和村民一起分析讨论贫困和生态破坏的关系、原因及解决办法，帮助他们树立生活信心，提高环境意识，自主选择和设计发展项目。通过一系列的入户调查和访谈，逐步形成了以退耕、种苜蓿、饲养小尾寒羊及压沙造林为主的经济发展和生态保护相结合的项目内容。这一过程改变了政府下达任务，群众被动实施的做法，充分调动了居民的参与热情，并将沙漠化防治与社区发展问题相结合。

② 确立项目实施内容后，召开村民大会，以社区为单位成立项目实施小组，并以投豆子或玉米粒的投票方式选举管理小组，民主协商确定具体项目规划和方案实施工作。这种通俗和民主的选举方式使村民增强了对项目的拥有感，促进了社区自我组织水平的提高。

③ 将生态保护作为项目主要目标之一，与村民共同讨论制定限制放牧、相互协作的乡规民约，从项目收益中拿出一部分成立生态基金，由管理小组统一管理，用于压沙造林等生态恢复建设。

④ 特别注重人的因素，除加强县、乡、村三级机构能力建设外，还对社区居民进行相关农业技术和环境意识培训，增强居民的素质，改变他们靠天吃饭的思想，为社区可持续发展培育坚实的基础。

运用上述参与式工作方法，项目已建立了完整的方案和实施体系，顺利实施。村民在参与项目过程中表现了很高的积极性，新的人地观念正在逐渐形成。项目的实施将使项目区的经济发展与沙漠化防治充分结合，辐射和带动附近社区的发展，推动整个地区建立生态保护与社区发展的良性循环，对西北其他类似地区起到示范作用。

复习思考题

1. 请将 12.1 节结尾处关于环境规划的英文翻译成汉语。如何理解环境规划的主要特征？
2. 如何把握环境规划的分类及主要类型的特点？
3. 如何全面理解环境规划的作用以及环境规划与其他相关规划的关系？
4. 环境规划的基本工作程序是什么？
5. 环境规划中目标规划法与仿真规划法的主要区别是什么？

6. 为什么要开发从定性到定量的综合集成规划法和参与式社区规划方法?

 **参考文献**

[1] 傅国伟. 当代环境规划的定义、作用与特征分析[J]. 中国环境科学,1999(1):72-76.

[2] 朱发庆. 环境规划[M]. 武汉:武汉大学出版社,1995.

[3] 郭怀成. 环境规划学[M]. 北京:高等教育出版社,2002.

[4] 于景元,刘毅,赵军. 开放的复杂巨系统的方法论:从定性到定量综合集成方法[C]//1997 中国控制与决策学术年会论文集,1997:33-37.

[5] 于景元,周晓纪. 从定性到定量综合集成方法的实现和应用[J]. 系统工程理论与实践,2002(10):26-32.

[6] 王伟,刘铁军,田良. 参与式社区工作方法与沙漠化治理[J]. 干旱区资源与环境,2004(S2):52-55.

13　环境功能区划

13.1　环境功能区划的概念与基本原理

一个区域内,由于不同组成部分的自然条件和人类对其土地、资源的开发利用方式不同,往往可划分为不同的功能区,执行不同的区域功能。比如,由于自然条件的差异,武汉东湖这一水体主要执行养殖、风景、旅游的功能,而长江武汉段则主要执行航运功能;又如,由于人为利用方式的不同,武汉的青山区目前主要执行工业功能,布局有武汉钢铁公司等大型工业企业,而武昌区则主要执行文教功能,区内有众多的高校等。

由于每个功能区执行的功能不同,人类活动对环境的影响程度就不一样。执行工业功能的地区,大气易受污染,临近的噪声污染也严重;而执行文教功能的地区,大气较清洁,噪声也较低。

执行不同功能的地区人类活动对环境的影响程度不同,要求它们达到同一环境质量标准的难度就不一样,对环境质量的要求也不一样。因此,考虑到环境污染对人体的危害及环境投资效益两方面的因素,在确定环境规划目标前常常要先对研究区域进行功能区的划分,然后根据各功能区的性质分别制定各自的环境目标。

这种对研究区域内执行不同功能的地区从环境保护角度进行划分的方法,叫环境功能区划方法。

武汉三镇的城市功能

从历史来看,武汉有三千五百余年的建城史,是中国历史上建城史最为悠久的特大城市之一。1927 年,国民政府迁都至武汉,成立武汉国民政府,首次将汉口、武昌、汉阳三城合并为京兆区,总称武汉。武汉三镇各有其独特的历史发展轨迹,形成了各自的城市面貌,在功能分工上也扮演着不同的角色。武昌为政治中心、科教中心、文化中心;汉口为商业中心,历史上曾作为一个独立的繁华国际化大都市而存在;汉阳为工业中心,是中国近代工业的发祥地,在 20 世纪初的武汉地图上,可以看到从龟山到赫山一带分布着汉阳铁厂、湖北枪炮厂、钢药厂等大型工厂。虽然三镇在行政上已经合并八十多年,这种大的城市功能分区格局并未发生根本改变。

13.2　环境功能区划的作用与主要类型

环境功能区划的作用概括起来有两个方面:其一,可以为城市和产业的合理布局提供基础。环境功能区划对未建成区、新开发区和新兴城市的未来环境有决定性影响。其二,可以为确定污染控制标准提供依据。

环境规划中常见的功能区类型可分为两个层次来理解,即区域(省区)环境规划的功能区和城市环境规划的功能区。

区域(省区)环境规划的功能区一般包括:工业区或工业城市,矿业开发区,新经济开发区或开放城市,水系或水域,水源保护区和水源涵养林区,林、牧、农区,自然保护区,风景旅游区或风景旅游城市,历史文化纪念地或文化古城等。

城市环境规划的功能区一般包括:工业区,居民区,商业区,机场、港口、车站等交通枢纽区,风景旅游或文化娱乐区,特殊历史文化纪念地,水源区,卫星城,农副产品生产基地,污灌区,污染处理地(垃圾场、污水处理厂等),绿化区或绿色隔离带,文化教育区,新科技经济区,新经济开发区,旅游度假区等。

城市环境功能区划一般可分为两个层次:综合环境功能区划和单要素环境功能区划。综合环境功能区划将确立不同功能区的总特点,按要素进行的部门功能区划可以明确各要素的具体保护要求。

13.3　城市综合环境功能区划

13.3.1　城市综合环境区划类型

城市综合环境区划主要以城市中人群的活动方式以及对环境的要求为分类原则,一般可分为重点保护区、一般保护区、污染控制区和重点污染治理区等。

① 重点保护区——一般指国家或省级自然保护区,风景旅游区,Ⅰ、Ⅱ级水源保护区等,这些地区综合环境质量要求最高。

② 一般保护区——以城市居住、商贸、文教活动为主的地区,对综合环境质量要求较高。

③ 污染控制区——一般指目前环境质量相对较好,需严格控制新污染的工业区,这类地区应该逐步建设成为清洁工业区。

④ 重点治理区——主要指现状污染比较严重,在规划中要加强治理的工业区。

⑤ 新建经济技术开发区——以发展速度快、规模大、土地开发强度高、土地利用功能复杂为主要特征,应单独划出。该类区域环境质量要求以及环境管理水平根据开发区的功能确定,但应从严要求。

13.3.2 城市综合环境功能区划的原则

依据城市环境特征,服从城市总体规划,满足城市功能需求;充分考虑土地利用现状和城市发展、旧城区改造的需要;注意分区的完整性、连通性和不重复性,分区要有足够的土地面积,一般不小于 2 km²;充分利用自然环境边界和行政区划边界,保持城市功能组团的完整性;考虑环境污染和环境保护的现状特征,使分区具有内部特征的相对一致性和外部特征的相对差异性,以利于环境保护的管理和环境目标的实现;符合城市发展的规划要求,使环境区划具有较长时间的稳定性;以单项规划为基础进行。

13.3.3 城市综合环境区划的基本方法

城市综合环境区划的基本方法包括专家咨询法和数学计算分析法两种。两种方法在实际应用中应该相互结合,互为补充。

专家咨询法的主要步骤:① 准备各类工作底图,包括人口分布图、建筑密度图、土地利用图、资源消耗分布图、环境质量评价图等;② 确定专家,一般以管理、科研和规划部门的专家为主;③ 请专家进行初步划分;④ 将初步划分的结果进行图形叠加,确认基本相同的部分,对差异部分进行讨论;⑤ 进行新一轮划分,直到结果一致。

数学计算分析法的主要步骤:① 准备各类资料及图件;② 将区域内重点保护区划出,参照城市总体规划加以确认;③ 将城市区域网格化,如按标准步长或按经纬度网格化;④ 确定相应的因子和标度方法,将各网格指标定量化,一般采用分档分级,使指标具有可比性;⑤ 按照相邻、相近、相似原则,将小网格逐渐合并为大网格,这一过程可反复进行直至结果满意。

13.4 地表水环境功能区划

按《地表水环境质量标准》(GB 3838 — 2002),中华人民共和国领域内江河、湖

泊、运河、渠道、水库等具有使用功能的地表水水域,依据地表水水域环境功能和保护目标,按功能高低依次划分为五类:

①Ⅰ类——主要适用于源头水、国家自然保护区。

②Ⅱ类——主要适用于集中式生活饮用水地表水源地一级保护区、珍稀水生物栖息地、鱼虾类产场、仔稚幼鱼的索饵场等。

③Ⅲ类——主要适用于集中式生活饮用水地表水源地二级保护区、鱼虾类越冬场、洄游通道、水产养殖区等渔业水域及游泳区。

④Ⅳ类——主要适用于一般工业用水区及人体非直接接触的娱乐用水区。

⑤Ⅴ类——主要适用于农业用水区及一般景观要求水域。

对应地表水上述五类水域功能,将地表水环境质量标准基本项目标准值分为五类,不同功能类别分别执行相应类别的标准值。水域功能类别高的标准值严于水域功能类别低的标准值。同一水域兼有多类使用功能的,执行最高功能类别对应的标准值。有季节性功能的,可分季节划分类别。

河流型水功能区划一般按照执行功能的不同,将河流划分为不同功能的河段及相应的陆域范围;湖泊、水库和大的江河水域,可划分不同功能的水域和陆域范围为不同的地表水环境功能区。

 阅读材料

《北京市地面水环境质量功能区划》及其局部调整方案

北京市地表水环境功能区划分为永定河水系、潮白河水系、北运河水系、大清河水系、蓟运河水系和湖泊六部分。其中,永定河水系地表水功能区划方案如表13.1所示,潮白河水系地表水功能区划方案如表13.2所示,湖泊地表水功能区划方案如表13.3所示。

表 13.1 永定河水系地表水功能区划方案

水体名称	水体功能	水质分类	备注
官厅水库	集中式饮用水源一级保护区	Ⅱ	
永定河山峡段 (含珠窝、落坡岭水库)	集中式饮用水源一级保护区	Ⅱ	官厅坝下—三家店
永定河平原段	地下水源补给区	Ⅲ	三家店—崔指挥营
妫水河	官厅水库二级保护区	Ⅱ	
新华营河	官厅水库二级保护区	Ⅱ	

水体名称	水体功能	水质分类	备注
古城河(含古城水库)	饮用水水源地上游	Ⅱ	
清华河(含斋堂水库)	集中式饮用水源一级保护区	Ⅱ	
清水涧	集中式饮用水源一级保护区	Ⅱ	
念坛水库	一般鱼类保护区	Ⅲ	
天堂河	农业用水区及一般景观要求用水	Ⅴ	

表 13.2　潮白河水系地表水功能区划方案

水体名称	水体功能	水质分类	备注
潮白河上段	一般鱼类保护区(地下水源补给区)	Ⅲ	河槽—向阳闸
潮白河下段	人体非直接接触的娱乐用水区	Ⅳ	向阳闸—牛牧屯
密云水库	集中式饮用水源一级保护区	Ⅱ	三家店—崔指挥营
白河上段	密云水库饮用水水源地上游	Ⅱ	
白河下段	地下水源补给区	Ⅲ	
黑河	密云水库饮用水水源地上游	Ⅱ	
天河	密云水库饮用水水源地上游	Ⅱ	
汤河	密云水库饮用水水源地上游	Ⅱ	
渣汰沟	密云水库饮用水水源地上游	Ⅱ	
琉璃庙河	密云水库饮用水水源地上游	Ⅱ	
白马关河	密云水库饮用水水源地上游	Ⅱ	
潮河上段	密云水库饮用水水源地上游	Ⅱ	
潮河下段	地下水源补给区	Ⅲ	
忙牛河(含半城子水库)	密云水库饮用水水源地上游	Ⅱ	
安达木河(含遥桥峪水库)	密云水库饮用水水源地上游	Ⅱ	
清水河	密云水库饮用水水源地上游	Ⅱ	
红门川(沙厂水库)	一般鱼类保护区	Ⅲ	
沙河(含大峪水库)	一般鱼类保护区及游泳区	Ⅲ	
怀河	一般鱼类保护区	Ⅲ	
雁栖河(含雁栖湖)	一般鱼类保护区及游泳区	Ⅲ	

续表

水体名称	水体功能	水质分类	备注
怀柔水库	集中式饮用水源一级保护区	Ⅱ	
怀沙河	怀柔水库饮用水水源地上游	Ⅱ	
怀九河	怀柔水库饮用水水源地上游	Ⅱ	
箭杆河	一般工业用水区	Ⅳ	
城北减河	人体非直接接触的娱乐用水区	Ⅳ	
运潮减河	人体非直接接触的娱乐用水区	Ⅳ	

表 13.3   湖泊地表水功能区划方案

水体名称	水体功能	水质分类	水体名称	水体功能	水质分类
昆明湖	重要游览区	Ⅲ	中海	重要游览区	Ⅲ
团城湖	集中式生活饮用水水源地一级保护区	Ⅱ	南海	重要游览区	Ⅲ
福海	重要游览区	Ⅲ	筒子河	非直接接触的娱乐用水区	Ⅳ
八一湖	一般鱼类保护区及游泳区	Ⅲ	陶然亭湖	非直接接触的娱乐用水区	Ⅳ
玉渊潭湖	一般鱼类保护区及游泳区	Ⅲ	龙潭湖	非直接接触的娱乐用水区	Ⅳ
紫竹院湖	一般鱼类保护区及游泳区	Ⅲ	青年湖	非直接接触的娱乐用水区	Ⅳ
西海	重要游览区	Ⅲ	水碓湖	非直接接触的娱乐用水区	Ⅳ
后海	重要游览区	Ⅲ	红领巾湖	非直接接触的娱乐用水区	Ⅳ
前海	重要游览区	Ⅲ	莲花池	非直接接触的娱乐用水区	Ⅳ
北海	重要游览区	Ⅲ			

资料来源:北京市环境保护局—水环境管理—功能区划,http://www.bjepb. gov.cn/portal0/tab284/。

《北京市地面水环境质量功能区划》局部调整方案

2006 年 9 月 30 日,北京市环境保护局印发文件——京环发〔2006〕195 号,对《北京市地面水环境质量功能区划》进行部分调整,文件内容如下:

各有关区县环保局:

根据《中华人民共和国水污染防治法》等相关法律法规要求及我市的实际情况,我局会同市水务局等部门对"北京市地面水环境质量功能区划"(1998 年市政府批准实施)中的部分河道(水库)水体功能和执行的水质标准进行了调整,此调整方案已经市政府批准实施。现将调整情况通知你局,请你局根据调整后的水体功能和执行标准,在进行水环境质量评价、制定水污染防治规划、执行水污染物排放标准、建设项目审批与管理等项工作中贯彻执行。

特此通知。

表 13.4 所示为北京市地面水环境质量功能区划调整情况。

表 13.4　北京市地面水环境质量功能区划调整情况

水系	水体名称	原水体功能	原水质分类	调整后的水体功能	调整后的水质分类	所在区县
大清河水系	大宁水库	人体非直接接触的娱乐用水区	Ⅳ	南水北调饮用水水源调蓄水库	Ⅲ	房山区、丰台区
北运河水系	丰草河(程庄子—凉水河上段)	农业用水区一般景观要求水域	Ⅴ	人体非直接接触的娱乐用水区	Ⅳ	丰台区
	永定河引水渠上段(三家店—罗道庄)	集中式生活饮用水水源一级保护区	Ⅱ	工业供水和城市景观用水	Ⅲ	门头沟区、石景山区、海淀区
	京密引水渠昆玉段(团城湖南闸—罗道庄)	集中式生活饮用水水源一级保护区	Ⅱ	城市景观用水	Ⅲ	海淀区
潮白河水系	白河下段(密云水库出库—河槽村)	密云水库饮用水水源地上游	Ⅱ	地下饮用水源补给区	Ⅲ	密云县
	潮河下段(密云水库出库—河槽村)	密云水库饮用水水源地上游	Ⅱ	地下饮用水源补给区	Ⅲ	密云县

资料来源:北京市环境保护局—水环境管理,http://www.bjepb.gov.cn/portal0/tab189/info2403.htm。

海口市南渡江龙塘饮用水水源保护区区划

南渡江龙塘饮用水水源保护区共分三级,即一级保护区、二级保护区和准保护区,保护区的总面积为 12.805 7 km²。

① 一级保护区:其水域干流长为 1 200 m,上边界为取水口上游 1 100 m 处,下边界为取水口下游 100 m 处,水域宽度为五年一遇洪水位(龙塘水文站 13.0 m)所淹没的区域;向干流两侧扩展 50 m 为一级保护区陆域,超过上坝公路的以上坝公路为界,超过龙塘镇总体规划中滨江路的以规划道路为界。一级保护区面积为 0.653 7 km²。

② 二级保护区:其水域由一级水域边界向上游延伸 2 000 m,保护区的下边界为龙塘水坝下边界处;向龙塘糖厂旁边的新旧沟上溯 500 m,保护区干流水域总长 2 250 m,干流水域宽度采用十年一遇洪水位(龙塘水文站 14.3 m)淹没的水面宽,支流水域宽为河道宽;二级保护区陆域由一级保护区陆域边界和二级保护区水域边界向两侧扩展 200 m,在 200 m 范围内有公路的以公路或乡村道路为界,其中左岸龙塘圩镇处以临江公路为界,右岸超过临近河道第一重山的以山脊线为界。向支流新旧沟两侧扩展 100 m 为二级陆域保护区。二级保护区面积为 2.117 4 km²。

③ 准保护区:其河长为 7 100 m,即由二级保护区水域上边界向上游延伸 7 100 m 到龙泉镇椰子头村处,水域宽度采用河道多年平均正常水位(龙塘水文站 12.5 m)淹没的水域范围为准保护区水域;由支流新旧沟二级保护区水域上边界上溯 1 500 m,向支流三十六曲溪上延 1 000 m,水域宽度采用河道多年平均正常水位淹没的水面宽为准保护区水域;准保护区陆域由准保护区干流水域边界向两侧扩展 500 m,由准保护区支流水域边界向两侧扩展 200 m,超过山脊线的以山脊线为界,准保护区面积为 10.034 5 km²。

资料来源:海口市环境保护局—自然生态—饮用水源环境保护,http://www.hkhbj. gov. cn/zrst/yysyhjbh/。

13.5 环境空气质量功能区划

13.5.1 环境空气质量功能区的定义与分类

环境空气质量功能区指为保护生态环境和人群健康的基本要求而划分的环境空气质量保护区。

按照《环境空气质量功能区划分原则与技术方法》(HJ 14 — 1996),环境空气质量功能区分为一类环境空气质量功能区(一类区)、二类环境空气质量功能区(二类区)和三类环境空气质量功能区(三类区)。其中一类区指自然保护区、风景名胜区和其他需要特殊保护的地区;二类区指城镇规划中确定的居住区、商业交通居民混合区、文化区、一般工业区和农村地区,以及一、三类区不包括的地区;三类区指特定工业区。环境空气质量标准分为三级,一类区执行一级标准,二类区执行二级标准,三类区执行三级标准。

这里的自然保护区、风景名胜区指县级以上人民政府划定的自然保护区、风景名胜。自然保护区是对有代表性的自然生态系统、珍稀濒危动植物物种的天然集中分布区,有特殊意义的自然遗迹等保护对象所在陆地、陆地水体或者海域,依法划出一定面积予以特殊保护和管理的区域。风景名胜区指具有观赏、文化或科学价值,自然景物、人文景物比较集中,环境优美,具有一定规模和范围,可供人们游览、休息或进行科学、文化活动的地区。

需要特殊保护的地区指因国家政治、军事和为国际交往服务需要,对环境空气质量有严格要求的区域。

特定工业区指冶金、建材、化工、矿区等工业企业较为集中,其生产过程排放到环境空气中的污染物种类多、数量大,环境空气质量超过三级环境空气质量标准的浓度限值,并且无成片居民集中生活的区域,但不包括1988年后新建的任何工业区。

一般工业区指特定工业区以外的工业企业集中区以及1998年1月1日后新建的所有工业区。

13.5.2　环境空气质量功能区划分的原则

环境空气质量功能区以保护生活环境和生态环境,保障人体健康及动植物正常生存、生长和文物古迹为宗旨。划分环境空气功能区应遵循以下原则:充分利用现行行政区界或自然分界线;宜粗不宜细,严格限制三类区;划分时既要考虑环境空气质量现状,又要兼顾城市发展规划;不能随意降低原已划定的功能区的类别。

13.5.3　环境空气质量功能区划分的方法

环境空气质量功能区的划分应在区域或城市环境功能区(或城市性质)的基础上,根据环境空气质量功能区划分的原则以及地理、气象、政治、经济和大气污染源现状分布等因素的综合分析结果,按环境空气质量标准的要求将区域或城市环境空气划分为不同的功能区域。其划分方法如下:分析区域或城市发展规划,确定环境空气质量功能区划分的范围并准备工作底图;根据调查和监测数据,以及环境空气质量功能区类别的定义、划分原则等进行综合分析,确定每一章的功能类别;把区域类型相同的章连成片,并绘制在底图上;同时将环境空气质量标准中例行监测的污染物和特殊污染物的日平均值等值线绘制在底图上;根据环境空气质量管理和城市总体规划的要求,依据被保护对象对环境空气质量的要求,兼顾自然条件和社会经济发展,将已建成区与规划中的开发区等所划区域最终边界的区域功能类型进行反复审核,最后确定该区域的环境空气功能区划分的方案;对有明显人为氟化物排放源的区域,其功能区应严格按《环境空气质量标准》中的有关条款进行划分。

13.5.4　环境空气质量功能区划分的要求

一、二类功能区不得小于$4 km^2$;三类区中的生活区,应根据实际情况和可能,有计划地分期分批从三类区迁出;三类区不应设在一、二类功能区的主导风向的上风向;一类区与三类区之间,一类区与二类区之间,二类区与三类区之间设置一定宽度的缓冲带。缓冲带的宽度根据区划面积、污染源分布、大气扩散能力确定,一般情况下一类区与三类区之间的缓冲带宽度不小于 500 m,其他类别功能区之间的缓冲带宽度不小于 300 m。缓冲带内的环境空气质量应向要求高的区域靠;位于缓冲带内的污染源,应根据其对环境空气质量要求高的功能区的影响情况,确定该污染源执行排放标准的级别。

13.5.5　环境空气质量功能区的批准与实施

环境空气质量功能区由地级市以上(含地级市)环境保护行政主管部门划分,并确定环境空气质量功能区达标的期限,报同级人民政府批准,报上一级环境保护行政主管部门备案;由县级以上(含县级)环境保护行政主管部门监督实施。

 阅读材料

海口市环境空气质量功能区划

海口市环境空气质量功能区划如表 13.5 所示。

表 13.5　海口市环境空气质量功能区划

功能区类别	范围	主要功能	面积	环境空气质量标准
一类区	二类功能区以外的区域	居住、商业、文教、风景区、农村、自然保护区、水源保护区等	2 290.43 km²	《环境空气质量标准》(GB 3095—2012)一级
二类区	药谷工业园区、金盘工业区、临空产业园区、狮子岭工业区、长流永桂工业区	工业区	15.02 km²	《环境空气质量标准》(GB 3095—2012)二级

资料来源:上海市环境科学研究院,海口市大气环境容量研究专题报告,2013.4。

13.6　声环境功能区划

我国在《声环境质量标准》(GB 3096—2008)和《城市区域环境噪声适用区划分技术规范》(GB/T 15190—94)中规定了城市、乡村、交通干线、噪声敏感建筑物

等区域划分(声环境功能区划)的原则和方法,以及适用的声环境质量标准。其中:城市(City),是指国家按行政建制设立的直辖市、市和镇;城市规划区(Urban Planning Area),为由城市市区、近郊区以及城市行政区域内其他因城市建设和发展需要实行规划控制的区域;乡村(Rural Area),是指除城市规划区以外的其他地区,如村庄、集镇等,村庄是指农村村民居住和从事各种生产的聚居点,集镇是指乡、民族乡人民政府所在地和经县级人民政府确认由集市发展而成的作为农村一定区域经济、文化和生活服务中心的非建制镇;交通干线(Traffic Artery),指铁路(铁路专用线除外)、高速公路、一级公路、二级公路、城市快速路、城市主干路、城市次干路、城市轨道交通线路(地面段)、内河航道,应根据铁路、交通、城市等规划确定;噪声敏感建筑物(Noise Sensitive Buildings),指医院、学校、机关、科研单位、住宅等需要保持安静的建筑物。

13.6.1 声环境功能区分类

按区域的使用功能特点和环境质量要求,声环境功能区分为以下五种类型:

① 0 类声环境功能区:指康复疗养区等特别需要安静的区域。

② 1 类声环境功能区:指以居民住宅、医疗卫生、文化教育、科研设计、行政办公为主要功能,需要保持安静的区域。

③ 2 类声环境功能区:指以商业金融、集市贸易为主要功能,或者居住、商业、工业混杂,需要维护住宅安静的区域。

④ 3 类声环境功能区:指以工业生产、仓储物流为主要功能,需要防止工业噪声对周围环境产生严重影响的区域。

⑤ 4 类声环境功能区:指交通干线两侧一定距离之内,需要防止交通噪声对周围环境产生严重影响的区域,包括 4a 类和 4b 类两种类型。4a 类为高速公路、一级公路、二级公路、城市快速路、城市主干路、城市次干路、城市轨道交通(地面段)、内河航道两侧区域,4b 类为铁路干线两侧区域。

表 13.6 列出了各类声环境功能区适用的环境噪声等效声级限值。

表 13.6 各类声环境功能区适用的环境噪声等效声级限值 (单位:dB(A))

声环境功能区类别	时段	
	昼间	夜间
0 类	50	40
1 类	55	45
2 类	60	50

续表

声环境功能区类别		时段	
		昼间	夜间
3 类		65	55
4 类	4a 类	70	55
	4b 类	70	60

注:根据《中华人民共和国环境噪声污染防治法》,"昼间"是指 6:00 至 22:00 之间的时段;"夜间"是指 22:00 至次日 6:00 之间的时段。县级以上人民政府为环境噪声污染防治的需要(如考虑时差、作息习惯差异等)而对昼间、夜间的划分另有规定的,应按其规定执行。

不同类型交通干线的定义:

铁路——以动力集中方式或动力分散方式牵引,行驶于固定钢轨线路上的客货运输系统。

高速公路——根据 JTGB 01,为专供汽车分向、分车道行驶,并应全部控制出入的多车道公路,其中:四车道、六车道、八车道高速公路应能适应将各种汽车折合成小客车的年平均日交通量分别为 25 000~55 000 辆、45 000~80 000 辆和 60 000~100 000 辆。

一级公路——根据 JTGB 01,为供汽车分向、分车道行驶,并可根据需要控制出入的多车道公路,其中:四车道、六车道一级公路应能适应将各种汽车折合成小客车的年平均日交通量分别为 15 000~30 000 辆、25 000~55 000 辆。

二级公路——根据 JTGB 01,为供汽车行驶的双车道公路。双车道二级公路应能适应将各种汽车折合成小客车的年平均日交通量 5 000~15 000 辆。

城市快速路——根据 GB/T 50280,为城市道路中设有中央分隔带,具有四条以上机动车道,全部或部分采用立体交叉与控制出入,供汽车以较高速度行驶的道路,又称汽车专用道。城市快速路一般在特大城市或大城市中设置,主要起联系城市内各主要地区、沟通对外联系的作用。

城市主干路——联系城市各主要地区(住宅区、工业区以及港口、机场和车站等客货运中心等),承担城市主要交通任务的交通干道,是城市道路网的骨架。主干路沿线两侧不宜修建过多的车辆和行人出入口。

城市次干路——城市各区域内部的主要道路,与城市主干路结合成道路网,起集散交通的作用,兼有服务功能。

城市轨道交通——以电能为主要动力,采用钢轮—钢轨为导向的城市公共客运系统。按照运量及运行方式的不同,城市轨道交通分为地铁、轻轨以及有轨电车。

内河航道——船舶、排筏可以通航的内河水域及其港口。

表13.6中4b类声环境功能区环境噪声限值,适用于2011年1月1日起环境影响评价文件通过审批的新建铁路(含新开廊道的增建铁路)干线建设项目两侧区域;在下列情况下,铁路干线两侧区域不通过列车时的环境背景噪声限值,按昼间70 dB(A)、夜间55 dB(A)执行:① 穿越城区的既有铁路干线;② 对穿越城区的既有铁路干线进行改建、扩建的铁路建设项目。

既有铁路是指2010年12月31日前已建成运营的铁路或环境影响评价文件已通过审批的铁路建设项目。各类声环境功能区夜间突发噪声,其最大声级超过环境噪声限值的幅度不得高于15 dB(A)。

城市区域应按照GB/T 15190的规定划分声环境功能区,分别执行本标准规定的0,1,2,3,4类声环境功能区环境噪声限值。

乡村区域一般不划分声环境功能区,根据环境管理的需要,县级以上人民政府环境保护行政主管部门可按以下要求确定乡村区域适用的声环境质量要求:① 位于乡村的康复疗养区执行0类声环境功能区要求;② 村庄原则上执行1类声环境功能区要求,工业活动较多的村庄以及有交通干线经过的村庄(指执行4类声环境功能区要求以外的地区)可局部或全部执行2类声环境功能区要求;③ 集镇执行2类声环境功能区要求;④ 独立于村庄、集镇之外的工业、仓储集中区执行3类声环境功能区要求;⑤ 位于交通干线两侧一定距离(参考GB/T 15190规定)内的噪声敏感建筑物执行4类声环境功能区要求。

13.6.2　噪声区划的基本原则

有效地控制噪声污染的程度和范围,提高声环境质量,保障城市居民正常生活、学习和工作场所的安静;以城市规划为指导,按区域规划用地的主导功能确定;便于城市环境噪声管理和促进噪声治理;有利于城市规划的实施和城市改造,做到区划科学合理,促进环境、经济、社会协调一致发展;宜粗不宜细,宜大不宜小。

13.6.3　噪声区划的主要依据

GB 3096中各类标准适用区域;城市性质、结构特征、城市总体规划、分区规划、近期规划和城市规划用地现状,特别是城市的近期规划和城市规划用地现状应为区划的主要依据;区域环境噪声污染特点和城市环境噪声管理的要求;城市的行政区划及城市的自然地貌。

13.6.4　噪声区划程序

准备噪声区划工作资料,包括城市总体规划、分区规划、城市用地统计资料、声环境质量状况统计资料和比例适当的工作底图;确立噪声区划章,划定各区划章的区域类型;将城市规划明确且已形成一定规模的各类规划区分别划定相应的标准适用区域;未能确定的章统计城市 A,B,C 三类用地比例,划定各区划章的区域类型;划定 4 类标准适用区域;把多个区域类型相同且相邻的章连成片,充分利用街、区行政边界、规划小区边界、道路、河流、沟壑、绿地等自然地形作为区域边界;对初步划定的区划方案进行分析、调整;征求环保、规划、城建、公安、基层政府等部门对噪声区划方案的意见;确定噪声区划方案;绘制噪声区划图;系统整理区划工作报告、区划方案、区划图等资料报上级环境保护行政主管部门验收;地方环境保护行政主管部门将区划方案报当地人民政府审批、公布实施。

13.6.5　噪声区划方法

① 0 类标准适用区域划分:0 类标准适用区域适用于特别需要安静的疗养区、高级宾馆和别墅区。该区域内及附近区域应无明显噪声源,区域界限明确,原则上面积不得小于 0.5 km^2。

② 1~3 类标准适用区域的划分:城市规划明确划定且已形成一定规模的各类规划区分别根据其区域位置和范围确定相应的标准适用区域。未能确定的区域按以下方法划分:区划指标符合下列条件之一的划为 1 类标准适用区域:A 类用地占地率≥70%;70%＞A 类用地占地率≥60%,B 类与 C 类用地占地率之和＜20%±5%。区划指标符合下列条件之一的划为 2 类标准适用区域:60%≤A 类用地占地率＜70%,B 类与 C 类用地占地率之和＞20%±5%;35%≤A 类用地占地率＜60%;20%≤ A 类用地占地率＜35%,B 类与 C 类用地占地率之和＜60%±5%。区划指标符合下列条件之一的划为 3 类标准适用区域:20%≤ A 类用地占地率＜35%,B 类与 C 类用地占地率之和＞60%±5%;A 类用地占地率＜20%。

噪声区划用地指标是反映区域主导功能,由城市用地分类归纳成的三类用地(见《城市用地分类与规划建设用地标准》GBJ 137－90)。其中 A 类用地含各类居住、行政办公、医疗卫生及教育科研设计用地,B 类用地含各类工业和仓储用地,C 类用地含对外交通、道路广场和交通设施用地。

③ 4 类标准适用区域(道路交通干线两侧区域)的划分:若临街建筑以高于三层楼房(含三层)的建筑为主,将第一排建筑物面向道路一侧的区域划为 4 类标准适用区域;若临街建筑以低于三层楼房建筑(含开阔地)为主,将道路红线外一定距离内的区域划为 4 类标准适用区域。

铁路(含轻轨)两侧区域的划分:城市规划确定的铁路(含轻轨)用地范围外一定距离以内的区域划为 4 类标准适用区域。距离的确定不计相临建筑物的高度。

内河航道两侧区域的划分:根据河道两侧建筑物形式和相邻区域的噪声区划

类型,将河堤护栏或堤外坡角外一定距离以内的区域划分为 4 类标准适用区域。

阅读材料

青岛市人民政府关于 4 类噪声标准适用区域中道路交通干线两侧区域划分规定

① 高于三层楼房(含三层)或高度在 10 m 以上(含 10 m,不计层数)的临街建筑,第一排建筑面向道路一侧的区域划分为 4a 类标准适用区域。

② 低于三层楼房或高度在 10 m 以下(不计层数)的临街建筑(含开阔地),将道路红线外一定距离内的区域划分为 4a 类标准适用区域。距离的确定方法如下:相邻区域为 1 类标准适用区域的,距离为 45±5 m;相邻区域为 2 类标准适用区域的,距离为 30±5 m;相邻区域为 3 类标准适用区域的,距离为 20±5 m。

③ 高于三层楼房(含三层)或高于 10 m(含 10 m)的临街建筑之间,存在低于三层楼房或低于 10 m 的临街建筑(含开阔地),两建筑之间距离小于 50 m 的视为连接,按①项规定划定;大于或等于 50 m 的按②项规定的距离确定方法划定;街道口形成的建筑断带处,按连接划定。

13.6.6　其他规定

大型公园、风景名胜区和旅游度假区等套划为 1 类标准适用区域;大工业区中的生活小区,从工业区中划出,根据其与生产现场的距离和环境噪声污染状况,定为 2 类或 1 类标准适用区域;区域面积原则上不小于 1 km²,山区等地形特殊的城市,可根据城市的地形特征确定适宜的区域面积;各类区域之间不划过渡地带;近期内区域功能与规划目标相差较大的区域,以近期的区域规划用地主导功能作为噪声区划的主要依据;随着城市规划的逐步实现,及时调整噪声区划方案;未建成的规划区内,按其规划性质或按区域声环境质量现状、结合可能的发展划定区域类型。

阅读材料

海南西环高速铁路建设对沿线声环境功能区划的影响

海南西环铁路全长 351.97 km,途经海口、澄迈、临高、儋州、昌江、东方、乐东、三亚 8 个市县,工程总投资 285.284 亿元。该铁路等级为Ⅰ级,双线,电力牵引,设计行车速度 200 km/h,设计列车对数近期(2025 年)84 对/日,远期(2035 年)122

对/日。工程建成后,将与已经运营的海南东环铁路形成环绕海南岛的高速铁路环线,大大改善全岛交通条件。

该铁路建成运营后,将对沿线地区声环境质量功能区划产生重要的影响。沿铁路两侧一定范围将被划为4b类区域。《海南西环铁路环境影响报告书》对项目建成运营后的环境标准适用情况的规定如表13.7所示。

表13.7　项目运营后的环境标准适用情况

功能区名称	标准名称	标准值与等级	适用地点与范围
居民住宅 (含学校教师宿舍)	《铁路边界噪声限值及其测量方法》(GB 125525—90,修改方案)	昼间70 dBA,夜间70 dBA	距离铁路外轨中心线30 m处
	《声环境质量标准》(GB 3096—2008)	4b类区标准,昼间70 dBA,夜间60 dBA	距离铁路外轨中心线30 m至60 m区域
		2类区标准,昼间60 dBA,夜间50 dBA	距铁路外轨中心线60 m以外无声功能区划的农村地区参照此标准
			距铁路外轨中心线60 m以外有声功能区划的执行其功能区标准
学校、医院等特殊敏感点	《国家环境保护总局关于公路、铁路(含轻轨)等建设项目环境影响评价中环境噪声有关问题的通知》(环发〔2003〕94号)	昼间60 dBA,夜间50 dBA	学校、医院等特殊敏感建筑外,无住校生的学校、无住院部的医院不控制夜间噪声

据此,根据环境影响预测,项目建成运营后不能满足声环境质量标准限值的建筑需要进行搬迁或功能置换。

资料来源:中铁二院工程集团有限责任公司,海南西环铁路环境影响报告书,2010.11。

复习思考题

1. 如何理解环境功能区划的概念和基本原理?
2. 简述城市综合环境功能区划及其原则和主要类型。
3. 简述我国地表水环境质量功能区划的主要规定与内容。
4. 简述我国环境空气质量功能区划的主要规定与内容。
5. 简述我国声环境功能区划的主要规定与内容。

[1] 朱发庆. 环境规划[M]. 武汉：武汉大学出版社，1995.

[2] 郭怀成，等. 环境规划学[M]. 北京：高等教育出版社，2002.

[3] 国家环境保护局编写组. 环境规划指南[M]. 北京：清华大学出版社，1994.

[4] 地表水环境质量标准. GB 3838—2002.

[5] 环境空气质量功能区划分原则与技术方法. HJ 14—1996.

[6] 声环境质量标准. GB 3096—2008.

[7] 城市区域环境噪声适用区划分技术规范. GB/T 15190—94.

14 环 境 预 测

　　环境预测是环境规划中非常重要的一个技术环节,通常是指在环境现状调查评价和科学实验基础上,结合经济社会发展情况,对环境系统及其要素的变化发展趋势作出的科学分析和判断。环境预测在环境影响的分析评价中起着重要的作用。实际中,环境影响一般考虑为环境质量的一个或多个度量值的具体变化。对于这类变化的分析把握是环境预测的核心内容。本章重点介绍环境规划中常用的预测技术方法。

14.1 环境规划中需要预测的主要内容

14.1.1 社会发展预测

　　其重点是人口预测,也包括一些其他社会因素的预测。

14.1.2 经济发展预测

　　其重点是能源消耗预测、国内生产总值预测和工业总产值预测等,同时也包括对经济布局与结构、交通和其他重大经济建设项目的预测与分析。

14.1.3 污染源与环境质量预测

　　环境污染防治规划是环境规划的基本问题,与之相关的污染源与环境质量的预测活动构成了当前环境预测的重要内容。例如,污染物排放总量预测,重点是确定合理的排污系数(如单位产品排污量)和弹性系数(如工业废水排放量与工业产值的弹性系数);环境质量预测,其主要问题是确定排放源、汇与受纳环境介质之间的输入响应关系。

14.1.4 其他预测

　　根据规划对象具体情况和规划目标需要选定,如重大工程建设的环境效益或影响,土地利用、自然保护和区域生态环境趋势分析,科技进步及环保效益等。

14.2 环境预测遵循的基本原则

14.2.1 经济社会发展是环境预测的基本依据

要注意经济社会与环境各系统之间和系统整体的相互联系和变化规律。

14.2.2 关注科技进步的作用

科学技术对经济社会发展的推动作用与对环境保护的贡献是影响环境预测的重要因素。

14.2.3 突出重点

抓住那些对未来环境发展动态具有最重要影响的因素,这不仅可大大减少工作量,而且可增加预测的准确性。

14.2.4 具体问题具体分析

环境预测涉及面十分广泛,一般可分为宏观和中观两个层次,要注意不同层次的特点和要求。

14.3 预测方法选择与结果分析

14.3.1 基本思路

环境预测是在环境调查和现状评价的基础上,结合经济发展规划或预测,通过综合分析或一定的数学模拟手段,推求未来的环境状况,其技术关键是:

① 把握影响环境的主要社会经济因素并获取充足的信息。

② 寻求合适的表征环境变化规律的数理模式和(或)了解预测对象的专家系统。

③ 对预测结果进行科学分析,得出正确的结论。这一点取决于规划人员的素

质和综合问题的能力与水平。

14.3.2　预测方法选择

与一般预测的技术方法相同,有关环境预测的技术方法也大致分为两类:

① 定性预测技术。如专家调查法(召开会议、征询意见)、历史回顾法、列表定性直观预测等。这类方法以逻辑思维为基础,综合运用这些方法,对分析复杂、交叉和宏观问题十分有效。

② 定量预测技术。这类方法多种多样,常用的有外推法、回归分析法和环境系统的数学模型等。这类方法以运筹学、系统论、控制论、系统动态仿真和统计学为基础,其中环境系统的数学模型对定量分析环境演变,描述经济社会与环境相关关系比较有效。用于环境系统的数学模型,是综合代数方程或微分方程建立的。通常,它们依据科学定律,或者依据数据的统计分析,或者二者兼而有之。例如,物质不灭定律是用来预测环境质量(水、空气)影响的多数数学模型的基础。

环境预测方法的选择应力求简便和适用。由于目前所发展的预测模型大多还不完善,均有各自的不足与弱点,因而实际预测时,亦可采用几种模型同时对某一环境对象进行预测,然后通过比较、分析和判断,得出可以接受的结果。

14.3.3　预测结果的综合分析

预测结果的综合分析评价,目的在于找出主要环境问题及其主要原因,并由此进一步确定规划的对象、任务和指标。预测的综合分析主要包括下述内容:

① 资源态势和经济发展趋势分析。分析规划区的经济发展趋势和资源供求矛盾,同时分析经济发展的主要制约因素,以此作为制定发展战略、确定规划方案等问题的重要依据。

② 环境发展趋势分析。在环境问题中,两种类型的问题在预测分析时应特别值得注意:一类是指某些重大的环境问题,例如全球气候变化、臭氧层破坏或严重的环境污染问题等,这些问题一旦发生会造成全球或区域性危害甚至灾难。另一类是指偶然或意外发生而对环境或人群安全和健康具有重大危害的事故,如核电站泄漏事故、化工厂爆炸、采油井喷、海上溢油、水库溃坝、交通运输中有毒物质的溢出和尾矿库或电厂灰库溃坝等。对这类环境风险的预测和评价,有助于采取针对性措施,或者制定应急措施防患于未然,从而一旦事故发生时可减少损失。

14.4　社会经济发展预测

14.4.1　人口预测

人口是环境规划的基本参数之一。通常,人口预测的变量主要采取直接影响人口自然变动的出生率、死亡率和社会变动的迁移率等参数。这些参数的选取必须考虑约束条件。通过大量数据的回归分析,我国人口预测常用的经验模型为

$$N_t = N_{t_0} \mathrm{e}^{K(t-t_0)}$$

式中:N_t——t 年的人口总数;

N_{t_0}——$t = t_0$ 年时,即预测起始年时的人口基数;

K——人口增长系数或人口自然增长率;

e——自然对数的底(e=2.718)。

上述预测的关键是求算 K 值。人口自然增长率(K)是人口出生率与死亡率之差,常表示为人口每年净增的千分数。其计算方法是:在一定时空范围内,人口自然增长数(出生人数减死亡人数)与同期平均人口之比,并用千分比表示。而平均人口数是指计算期(如年)初人口总数和期末人口总数之和的 1/2。K 值的选取除与时间 t 有关外,还与预测的约束条件有关,即与社会的平均物质生产水平、文化水平、战争与和平状态、人口政策和人口年龄结构有密切关系。

14.4.2　国内生产总值(GDP)预测

国内生产总值是指一国所有常住单位在一定时期内所生产的最终物质产品和服务的价值总和。通过大量数据的回归分析,我国国内生产总值预测的常用经验模型是

$$Z_{\mathrm{GDP}_t} = Z_{\mathrm{GDP}_0} (1+a)^{t-t_0}$$

式中:Z_{GDP_t}——t 年 GDP 数;

Z_{GDP_0}——t_0 年即预测起始年的 GDP 数;

a——GDP 年增长速率,%。

规划期国内生产总值的平均年增长率是国民经济发展规划的主要指标。环境预测可直接用它来预测有关的参数。

14.4.3　能耗预测

在环境规划中进行的能耗计算,主要包括原煤、原油、天然气三项,按规定折算

成每千克发热量 7 000 kcal(或 $7\,000\times4.186\,8\times10^3$ J$=29.3\times10^6$ J)的标准煤,折算的系数是:原煤 0.714,原油 1.43,天然气每立方米折 1.33 kg。

(1) 能耗指标

产品综合能耗:

$$单位产值综合能耗=\frac{总耗能量(标准吨煤)}{产品总产值(万元)}$$

$$单位产量综合能耗=\frac{总耗能量(标准吨煤)}{产品总产量(吨或万米等)}$$

能源利用率:有效利用的能量同供给的能量之比。

能源消费弹性系数:规划期内能源消耗量增长速度与经济增长速度之间的对比关系。

$$能源消费弹性系数=\frac{年平均能源消费量增长速度}{年平均经济增长速度} \quad 或 \quad e=\frac{\Delta E/E}{\Delta G/G}$$

式中:E——能源消费量;

G——总产值。

经济增长速度可采用工业总产值、工农业总产值、社会总产值或国民收入的增长速度等。

(2) 能耗预测方法

目前常用的能耗预测法主要有人均能量消费法和能源消费弹性系数法两种。

人均能量消费法:按人民生活中衣食住行对能源的需求来估算生活用能的方法。美国对 84 个发展中国家进行的调查表明:当每人每年的消费量为 0.4 t 标准煤时,只能维持生存;为 1.2~1.4 t 时,可以满足基本的生活需要。在一个现代化社会里,为了满足衣食住行和其他需要,每人每年的能源消耗量不低于 1.6 t 标准煤。各个国家和地区因能源消费构成与方式的差异,人均能耗有较大差别,我国上海市为 0.7 t 标准煤。

能源消费弹性系数:这种方法是根据能源消费与国民经济增长之间的关系,求出能源消费弹性系数 e,再由已确定的国民经济增长速度,粗略地预测能耗的增长速度。计算公式为

$$\beta=e\cdot\alpha$$

式中:β——能耗增长速度;

e——能源消费弹性系数;

α——国民经济增长速度。

能耗弹性系数 e 受经济结构的影响。一般来说,在工业化初期或国民经济高速发展时期,能源消耗的年平均增长速度超过国民生产总值年平均增长速度 1 倍以上,e 大于 1,甚至超过 2。以后,随着工业生产的发展和技术水平的提高,人口增

长率的降低,国民经济结构的改变,能耗弹性系数 e 将下降,大都低于 1,一般为 $0.4\sim1.1$。

若已知能耗增长速度,规划期能耗预测计算公式如下:

$$E_t = E_0 (1+\beta)^{t-t_0}$$

式中:E_t——规划期 t 年的能耗量;

E_0——规划期起始年 t_0 的能耗量。

14.5 大气环境污染预测

大气环境污染预测包括两个基本方面:一是大气污染源的源强预测,即大气污染物排放量预测;二是大气环境质量变化预测,即对污染物排放所造成的大气环境影响的预测。污染物的排放方式不同,说明它进入大气的初始状态不同,用以计算它对大气环境影响的模型也不同。按照污染物的排放方式,可以将大气污染源分为点源、线源和面源。

14.5.1 大气污染源源强预测

源强是研究大气污染的基础数据,其定义就是污染物的排放速率。对于瞬时点源,源强就是点源一次排放的总量;对于连续点源,源强就是点源在单位时间里的排放量。

源强预测的一般模型为

$$Q_i = K_i W_i (1-\eta_i)$$

式中:Q_i——源强,对瞬时排放源以 kg 或 t 计,对连续稳定排放源以 kg/h 或
t/d计;

W_i——燃料的消耗量,对固体燃料以 kg 或 t 计,对液体燃料以 L 计,对气体
燃料以 100 m³ 计,时间单位以 h 或 d 计;

η_i——净化设备对污染物的去除效率;

K_i——某种污染物的排放因子;

i——污染物的编号。

14.5.2 耗煤量预测

(1)工业耗煤量预测
工业耗煤量的预测方法有弹性系数法、回归分析法、灰色预测法等。
设工业耗煤量平均增长率为 α,工业总产值平均增长率为 β,则有

$$E = E_0 (1+\alpha)^{t-t_0}$$
$$M = M_0 (1+\beta)^{t-t_0}$$

式中：E——预测年工业耗煤量，10^4 t/a；

E_0——基准年工业耗煤量，10^4 t/a；

M——预测年工业总产值，10^4 元/a；

M_0——基准年工业总产值，10^4 元/a；

t——预测年；

t_0——基准年。

工业耗煤量弹性系数可表示为

$$C_E = \frac{\alpha}{\beta} = \frac{(E/E_0)^{\frac{1}{t-t_0}} - 1}{(M/M_0)^{\frac{1}{t-t_0}} - 1}$$

（2）民用耗煤量预测

$$E_s = A_s \times S$$

式中：E_s——预测年取暖耗煤量，10^4 t/a；

S——预测年取暖面积，m^2；

A_s——取暖耗煤系数，t/m^2。

（3）污染物排放量预测

二氧化硫排放量预测——根据硫燃烧的化学反应方程式，可用下式计算煤燃烧后二氧化硫的排放量：

$$G_{SO_2} = 1.6W \times S$$

式中：G_{SO_2}——二氧化硫排放量，t/a；

W——燃煤量，t/a；

S——煤中的全硫份含量，%。

烟尘排放量预测——可用下式计算煤燃烧后烟尘的排放量：

$$G_尘 = W \times A \times B(1-\eta)$$

式中：$G_尘$——烟尘排放量，t/a；

A——煤的灰分，%；

B——烟气中烟尘的质量分数，%；

W——燃煤量，t/a；

η——除尘效率，%。

14.5.3 大气环境质量预测

大气环境质量预测是为了了解未来一定时期的经济、社会活动对大气环境带来的影响，以便采取改善大气环境质量的措施。大气环境质量预测的主要内容是预测大气环境中污染物的含量。

箱式模型是研究大气污染物排放量与大气环境质量之间关系的一种最简单的模式。利用箱式模型预测大气环境质量主要适用于城市家庭炉灶和低矮烟囱等分布不均匀的面源。一般一个城市可以划分为若干个小区,把每个小区看作是一个箱子,通过各箱的输入—输出关系,即可预测大气中污染物的浓度。用箱式方法预测大气污染物浓度的模型为

$$\rho_B = \frac{Q}{u \cdot L \cdot H} + \rho_{B_0}$$

式中:ρ_B——大气污染物浓度预测值,mg/m³(标);

Q——面源源强,mg/s;

u——进入箱内的平均风速,m/s;

L——箱的边长,m;

H——箱高,即大气混合层高度,m;

ρ_{B_0}——预测区大气环境背景浓度值,mg/m³(标)。

14.6　水环境污染预测

在水环境管理和规划中,不仅需要知道水污染物的排放状况,而且还需知道污染物的迁移转化规律及水质未来的变化趋势,这两方面构成水环境污染预测的基本内容。

14.6.1　工业废水排放量预测

工业废水排放量预测,通常采用:

$$W_t = w_0 (1 + r_w)^t$$

式中:W_t——预测年工业废水排放量,m³;

w_0——基准年工业废水排放量,m³;

r_w——工业废水排放量年平均增长率,%;

t——基准年至某水平年的时间间隔,a。

在上式中,预测工业废水排放量的关键是求出 r_w,如果资料比较充足,可采用统计回归方法求出 r_w,如果资料不太完善,则可结合经验判断方法估计 r_w。为了使预测结果比较准确,一般常采用滚动预测的方式进行。

14.6.2　工业污染物排放量预测

工业污染物排放量预测可采用下式进行:

$$W_i = (q_i - q_0)\rho_{B_0} \times 10^{-2} + w_0$$

式中：W_i——预测年份某污染物排放量，t；

q_i——预测年份工业废水排放量，10^4 m^3；

q_0——基准年工业废水排放量，10^4 m^3；

ρ_{B_0}——含某污染物废水工业排放标准或废水中污染物浓度，mg/L；

w_0——基准年某污染物排放量，t。

污染物的排放量与厂矿的生产规模以及工业的生产类型有直接关系，同时又必须看到污染防治技术的进步也可以使污染物的排放量减少。污染防治技术进步对污染物排放量的作用，可考虑一特定的指标，即技术进步减污率，它表示由于治理技术的进步，可使污染物减少的程度。各行业技术水平不同，减污率是不一样的。

14.6.3　生活污水量预测

对于生活污水，其排放预测可据下式计算：

$$Q = 0.365AF$$

式中：Q——生活污水量，10^4 m^3；

A——预测年份人口数，10^4人；

F——人均生活污水量，$1/(d \cdot 人)$；

0.365——单位换算系数。

通常，预测年份人均生活污水量可用人均生活用水量和国家有关标准换算。预测年份人口可采用地方人口规划数据。无地方人口规划数据时，可根据基准年人口和人口增长率计算获得。其计算式为

$$A = A_0(1 + p)^n$$

式中：A_0——基准年人口，10^4人；

p——人口增长率；

n——规划年与基准的年数差值。

14.6.4　水环境质量预测

水质预测的目的主要有建设工程的影响评价、制定水质管理规划、进行水质预测的基础研究等。预测的目的不同，所需的信息和模式计算的精度不尽相同。

水质、水文、气象和污染源等信息的收集与分析是水质预测的基础工作。从某种程度上讲，这些信息量的大小和信息的真实程度将决定水质预测结果的可靠程度。水环境质量的信息也带有随机性与不确定性。为了更好地利用这些信息进行预测，需要利用统计学的方法对所得到的水质、水量、污染物量等信息进行加工处

理,去伪存真,由表及里,以获得它们之间的相互作用规律。

在拥有大量可靠信息的基础上,水质预测主要通过水质模型来进行。为了实现水环境规划系统的最佳组合运行,必须弄清系统行为与系统结构间的关系。当一个系统的组成结构给定时,为了知道其行为,可以用实际系统进行实验。但目前更为常用的方法是通过建立系统的模型,然后在模型上进行研究。这种利用模型进行实验的过程称之为模拟。水体水质预测目前尚处于发展、形成阶段,其方法可分为水质相关法和水质模型法两类。完全混合的河流水质预测模型即是一种常用的水质模型。

假定污染物排入河流后能够与河水完全混合,此时,河流水质预测模型为

$$\rho_B = \frac{q_{v_0}\rho_{B_0} + q_v\rho_{B_i}}{q_{v_0} + q_v}$$

式中:ρ_B——河流下游断面污染物浓度,mg/L;

q_{v_0}——河流上游断面流量,m^3/s;

ρ_{B_0}——河流上游断面污染物浓度,mg/L;

ρ_{B_i}——旁侧流入废水中的污染物浓度,mg/L;

q_v——旁侧废水流量,m^3/s。

该模型适用于相对窄而浅的河流,河流为稳态、均匀河段,定常排污,污染物为难降解的有机物、可溶性盐类和悬浮固体情况下的预测。

若考虑污染物的衰减,上式可表示为

$$\rho_B = \frac{(q_{v_0}\rho_{B_0} + q_v\rho_{B_i})(1-k)}{q_{v_0} + q_v}$$

式中,k 为污染物衰减系数。

14.7　固体废物预测

固体废物主要来源于工业固体废物和生活垃圾。固体废物排入环境后不仅会污染水环境,破坏植被和污染土地,降低土地的利用能力,还会污染大气环境。

14.7.1　工业固体废物产生量预测

工业固体废物有不同的种类,应分别对其进行预测。常用的预测方法有如下两种。

(1)系数预测法

$$W = P \cdot S$$

式中:W——预测年固体废物排放量,10^4 t/a;

P——固体废物排放系数,t/t 产品;

S——预测的年产品产量,10^4 t/a。

(2)回归分析法

根据固体废物产生量 y 与产品产量或工业产值 x 的关系,可建立一元回归模型,即有

$$y = a + bx$$

若固体废物产生量受多种因素影响,还可建立多元回归模型进行预测。

14.7.2 城市垃圾产生量预测

利用排放系数的预测方法如下:

$$W_生 = 0.365 f_生 \times N$$

式中:$W_生$——预测年城市垃圾产生总量,10^4 t/a;

$f_生$——排放系数,kg/(人·d);

N——预测年人口总数,10^4 人。

排放系数 $f_生$ 在没有第一手资料的情况下,可利用经验数据确定。如对中小城市可取值 1~3 kg/(人·d),粪便(湿)1 kg/(人·d)。

14.8　灰色系统模型 GM(1,1)

在"概率论与数理统计"与"环境评价"课程中,比较详细地研究了各种回归预测方法,研究了各种随机变量之间,或一个随机过程(随机变量所构成的时间序列)的回归关系,即各种曲线拟合方法,如一元线性回归(直线拟合)、指数回归、对数回归、二次函数和 S 型生长曲线拟合等。现在已有一些工具软件提供这样的拟合功能,只要给定原始数据,选定函数形式,可以马上给出拟合结果以及相关系数或统计检验的指标,应用起来比较方便。

但是,应用上述方法必须具备一些条件,如数据应足够多,数据比较平稳、波动性较小,数据表现出较明显的规律性等,否则拟合效果可能不好,或者不能通过显著性检验。

如有一原始数据 $x^0(t)$($t=1,2,3,\cdots,n$),波动性强,规律性差,无法利用回归预测法进行预测。这样的情况可以用灰色系统预测法中的 GM(1,1)模型预测。

灰色预测法的基础是我国学者邓聚龙创立的灰色系统理论。灰色系统理论认为,系统分三类,一类称为白色系统,我们可以了解其中的所有信息;一类称为黑色

系统,我们对它一无所知,如黑箱;还有一类称为灰色系统,我们对它知道些什么,但又知道得不很清楚,大多数系统都是这样。对于灰色系统,邓聚龙创立了一套理论和方法进行了研究,包括灰色关联、灰色预测、灰色线性规划、灰色局势决策等。在灰色预测中,按照问题的特性分为数列预测、灾变预测、拓扑预测等。灰色预测在环境科学中多有应用,GM(1,1)模型属于数列预测,是其中常用的方法,本节介绍其主要思想和实施步骤。

14.8.1　构建一次累加生成数列 $x^1(t)$

以原始数列为基础,建立新的数列,该数列仍然反映原始数列所表征的系统的数量变化特征,但可以消除原始数列的随机程度,增强其平稳性。

具体的做法是:对原始数列 $x^0(t)$ 做一次累加生成处理,形成新数列 $x^1(t)$,其中:

$$x^1(1) = x^0(1)$$
$$x^1(2) = x^0(1) + x^0(2)$$
$$x^1(3) = x^0(1) + x^0(2) + x^0(3)$$

……

$$x^1(k) = \sum_{t=1}^{k} x^0(t)$$

……

$$x^1(n) = \sum_{t=1}^{n} x^0(t)$$

同时有

$$x^0(t) = x^1(t) - x^1(t-1)$$

该数列比较稳定,表现出一定的规律性,如递增性,它仍然是反映原始数列所描述的灰色系统特征的数列,但"白化"了些。

14.8.2　假定一次累加生成数列 $x^1(t)$ 服从随 t 指数变化规律

GM(1,1)认为,一次累加生成的数列,其变化趋势可以近似地用下列微分方程描述:

$$\frac{dx^1(t)}{dt} + ax^1(t) = u \tag{1}$$

这是一个一阶线性非齐次微分方程,其中 a,u 为参数。根据微分方程的知识,其解的形式应该为

$$x^1(t) = Ae^{-at} + c \tag{2}$$

可见,假定 $x^1(t)$ 服从上述微分方程也就是假定 $x^1(t)$ 服从随 t 指数变化的规律。

14.8.3　确定预测公式

将 $x^1(t)$ 的表达式带入微分方程确定其中的参数:

$$-aA\mathrm{e}^{-at} + a(A\mathrm{e}^{-at} + c) = u \quad (c = u/a)$$

$$\hat{x}^1(t) = A\mathrm{e}^{-at} + u/a$$

$$\hat{x}^1(1) = A\mathrm{e}^{-a} + u/a = x^0(1) \quad (A = (x^0(1) - u/a)\mathrm{e}^a)$$

所以

$$\hat{x}^1(t) = (x^0(1) - u/a)\mathrm{e}^{-a(t-1)} + u/a \tag{3}$$

14.8.4　运用预测公式预测 $x^1(t)$ 和 $x^0(t)$

(3)式为 $x^1(t)$ 的计算值,也是新数列应该服从的时间变化函数,可以用于 $x^1(t)$ 的预测。$x^1(t)$ 得到预测后,可以通过 $x^0(t) = x^1(t) - x^1(t-1)$ 对 $x^0(t)$ 做出预测。

14.8.5　参数 a、u 的确定

将(1)式写成差分形式:

$$x^1(2) - x^1(1) + a(x^1(1) + x^1(2))/2 = u$$

也即

$$\hat{x}^0(2) = -a(x^1(1) + x^1(2))/2 + u$$

同理

$$\hat{x}^0(3) = -a(x^1(2) + x^1(3))/2 + u$$

$$\hat{x}^0(n) = -a(x^1(n-1) + x^1(n))/2 + u$$

其中 $\hat{x}^0(t)$ 为 $x^0(t)$ 的计算值,让计算值 $\hat{x}^0(t)$ 和实际值 $x^0(t)$ 的总体误差最小,用最小二乘法确定 a, u 的值。

由 $Q = \sum\limits_{t=2}^{n} (-a/2 \times (x^1(t-1) + x^1(t)) + u - x^0(t))^2$ 取最小值,有

$$\frac{\partial Q}{\partial a} = 0, \quad \frac{\partial Q}{\partial u} = 0$$

即

$$\sum_{t=2}^{n} (-1/2 \times (x^1(t-1) + x^1(t)))(-a/2 \times (x^1(t-1) + x^1(t)) + u - x^0(t)) = 0$$

$$\sum_{t=2}^{n}(-a/2 \times (x^1(t-1)+x^1(t))+u-x^0(t))=0$$

得

$$a\sum_{t=2}^{n}(-1/2 \times (x^1(t-1)+x^1(t)))^2+u\sum_{t=2}^{n}(-1/2 \times (x^1(t-1)+x^1(t)))$$

$$=\sum_{t=2}^{n}(-1/2 \times (x^1(t-1)+x^1(t)))x^0(t) \tag{4}$$

$$a\sum_{t=2}^{n}(-1/2 \times (x^1(t-1)+x^1(t)))+u\sum_{t=2}^{n}1=\sum_{t=2}^{n}x^0(t) \tag{5}$$

(4),(5)式为以 a,u 为自变量的二元一次方程组,设

$$\boldsymbol{B}=\begin{bmatrix} -\dfrac{1}{2}(x_1^1+x_2^1) & 1 \\ -\dfrac{1}{2}(x_2^1+x_3^1) & 1 \\ \vdots & \vdots \\ -\dfrac{1}{2}(x_{n-1}^1+x_n^1) & 1 \end{bmatrix}, \quad \boldsymbol{Y}=\begin{bmatrix} x_2^0 \\ x_3^0 \\ \vdots \\ x_n^0 \end{bmatrix}$$

该方程组可写为下列矩阵形式:

$$\boldsymbol{B}^{\mathrm{T}}\boldsymbol{B}\begin{bmatrix} a \\ u \end{bmatrix}=\boldsymbol{B}^{\mathrm{T}}\boldsymbol{Y}, \quad \begin{bmatrix} a \\ u \end{bmatrix}=(\boldsymbol{B}^{\mathrm{T}}\boldsymbol{B})^{-1}\boldsymbol{B}^{\mathrm{T}}\boldsymbol{Y}$$

14.8.6 确定模式的预测精度

计算残差:

$$\varepsilon(t)=x^0(t)-\hat{x}^0(t)$$

相对误差:

$$q(t)=\frac{\varepsilon(t)}{x^0(t)} \times 100\%$$

精度检验计算:

$$\bar{x}^0=\frac{1}{n}\sum_{t=1}^{n}x^0(t), \quad s_1^2=\frac{1}{n}\sum_{t=1}^{n}(x^0(t)-\bar{x}^0)^2$$

$$\bar{\varepsilon}=\frac{1}{n-1}\sum_{t=1}^{n-1}\varepsilon(t), \quad s_2^2=\frac{1}{n-1}\sum_{t=1}^{n-1}(\varepsilon(t)-\bar{\varepsilon})^2$$

$$c=\frac{s_2}{s_1}, \quad P=\{\,|\varepsilon(t)-\bar{\varepsilon}|\leqslant 0.6745s_1\,\}$$

其结果如表14.1所示。

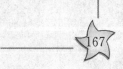

表 14.1　预测模式精度检验

P	c	精度等级	精度水平
≥0.95	≤0.35	一	好
≥0.80	≤0.5	二	合格
≥0.70	≤0.65	三	勉强
≤0.70	≥0.65	四	不合格

在模式精度不理想的时候,可对残差序列 $\varepsilon(t)$ 进行 GM(1,1)建模,是为 GM(2,1),即对 $x^0(t)$ 的灰色系统二阶建模,然后可用 $x^0(t)=\hat{x}^0(t)+\hat{\varepsilon}(t)$ 进行预测。

河海大学马占青等应用上述数据加载法提出了 GM(1,1) 的修正模型,通过灰色预测法和马尔柯夫链预测法的耦合,建立了城市污水排放量的灰色马尔柯夫预测模型。灰色马尔柯夫预测模型具有灰色系统应用少量数据即可建模,以及马尔柯夫链预测可以预测数据值波动较大的序列的特点。计算结果表明,城市污水排放量的预测值很好地吻合了实际值。

 复习思考题

1. 简述环境规划中需要预测的主要内容。
2. 简述人口、GDP、能耗预测的基本模型。
3. 简述大气污染源源强预测的基本模型。
4. 简述水污染源预测的基本模型、完全混合的河流水质预测模型。
5. 简述灰色系统模型 GM(1,1)的基本思想和主要步骤。

 参考文献

[1] 朱发庆.环境规划[M].武汉:武汉大学出版社,1995.

[2] 郭怀成,环境规划学[M].北京:高等教育出版社,2002.

[3] 徐建华.现代地理学中的数学方法[M].北京:高等教育出版社,1996.

[4] 马占青,等.城市污水排放的灰色马尔柯夫预测模型[J].河海大学学报,2000 (5):49-53.

15 环境优化模型

15.1 环境规划问题的线性规划建模

例1 空气污染治理最优化问题。

如图 15.1,有区域 A,在不同功能区(以"Ⅰ"、"Ⅱ"、"Ⅲ"表示)设 m 个控制点(以"☆"表示,$j=1,\cdots,m$),有 n 个点源排污(以"△"表示,$i=1,\cdots,n$),造成部分控制点超标,即控制点 j 的污染物监测值 C_j 超过允许的标准值 S_j:$C_j \geqslant S_j$。

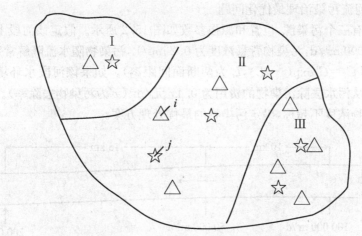

图 15.1 空气污染治理最优化问题

设 M_i 为 i 源产污量(kg/h),x_i 为 i 源治理去除量(kg/h),$M_i - x_i$ 则为 i 源排放量(源强,kg/h)。由于采用不同的治理方案,各源单位治理成本 C_i 不同(元/kg),$C_i x_i$ 为各源治理费用(元),区域治理总费用为 $\sum_{i=1}^{n} C_i x_i$(元)。

根据高斯模式,i 源对 j 点的浓度传递系数 a_{ij} 可写出(对确定区域、确定源和确定控制点为确定值),在各控制点达标的前提下,考虑 x_i 的分配方案,使区域治理总费用最小。

按题意可写出如下线性规划模型:

目标函数：$\min Z = \sum_{i=1}^{n} C_i x_i \quad (i = 1, 2, 3, \cdots, n)$

约束条件：$\sum_{i=1}^{n} a_{ij}(M_i - x_i) \leqslant S_j \quad (i = 1, 2, 3, \cdots, n; j = 1, 2, 3, \cdots, m)$

非负约束：$x_i \geqslant 0$

约束条件也可写为：$\sum_{i=1}^{n} a_{ij} x_i \geqslant b_j$，其中 $b_j = \sum_{i=1}^{n} a_{ij} M_i - S_j$。

设 $\boldsymbol{C} = [c_1, c_2, \cdots, c_n]$ 为单位成本矩阵（常数），$\boldsymbol{X} = [x_1, x_2, \cdots, x_n]^{\mathrm{T}}$ 为决策变量矩阵（方案组合），$\boldsymbol{B} = [b_1, b_2, \cdots, b_m]^{\mathrm{T}}$ 为约束条件矩阵（常数），$\boldsymbol{A} = [a_{ij}]^{n \times m}$ 为传递系数矩阵（常数），上述线性规划问题可写为：

目标函数：$\min Z = \boldsymbol{CX}$

约束条件：$\boldsymbol{AX} \geqslant \boldsymbol{B}$

非负约束：$\boldsymbol{X} \geqslant 0$

例 2 河流污染治理最优化问题。

某河段有三个污染源，位置和源强参数如图 15.2 所示。假定该河段上游河水流量为 500 000 m³/d，污染物背景浓度为 0.2 mg/L，污染物随水流降解常数为 $k = 0.03/\text{km}$（即 $C_1 = C_0 \exp(-kL)$，L 为两断面间距离）。如果该河段水环境标准值为 1 mg/L，从污水去除污染物的费用为 $0.4x$ 元/m³（x 为污染物去除率）。欲使整个河段污染物浓度不超标，确定污染物的最优处理方案。

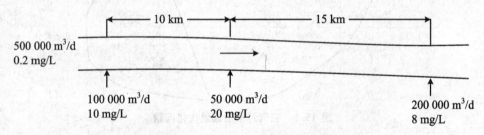

图 15.2 河流污染治理最优化问题

设三个污染源的污染物去除率分别为 x_1, x_2, x_3，则相应的处理费用为 100 000 $\times 0.4x_1$，50 000 $\times 0.4x_2$，200 000 $\times 0.4x_3$（元/d），总费用为 $40\,000x_1 + 20\,000x_2 + 80\,000x_3$（元/d）。据此，可确定：

目标函数：$\min Z = 40\,000x_1 + 20\,000x_2 + 80\,000x_3$

非负约束：$x_1, x_2, x_3 \geqslant 0$

根据整个河段（三个断面）不超标可写出三个约束条件：

$$(0.2 \times 5 \times 10^5 + 10 \times 10^5 (1 - x_1)) / (5 \times 10^5 + 10^5) \leqslant 1$$

即 $\qquad x_1 \geqslant 0.5$

$((0.2 \times 5 + 10(1 - x_1))\exp(-0.03 \times 10) + 20 \times 0.5(1 - x_2))/(6 + 0.5) \leqslant 1$

即　$\exp(-0.3)x_1 + x_2 \geqslant 0.35 + 1.1\exp(-0.3)$

$(((0.2 \times 5 + 10(1 - x_1))\exp(-0.03 \times 10) + 20 \times 0.5(1 - x_2))\exp(-0.03 \times 15)$
$\quad + 8 \times 2(1 - x_3))/(6.5 + 2) \leqslant 1$

即　$\exp(-0.75)x_1 + \exp(-0.45)x_2 + 1.6x_3 \geqslant 0.75 + 1.1\exp(-0.45) + \exp(-0.75)$

由此可得以上河流污染治理最优化模型：

目标函数：$\min Z = 40\ 000x_1 + 20\ 000x_2 + 80\ 000x_3$

约束条件：$x_1 \geqslant 0.5$

$\qquad \exp(-0.3)\ x_1 + x_2 \geqslant 0.35 + 1.1\exp(-0.3)$

$\qquad \exp(-0.75)\ x_1 + \exp(-0.45)\ x_2 + 1.6\ x_3$

$\qquad \geqslant 0.75 + 1.1\exp(-0.45) + \exp(-0.75)$

非负约束：$x_1, x_2, x_3 \geqslant 0$

也可表示为矩阵形式：

目标函数：$\min Z = \boldsymbol{CX}$

约束条件：$\boldsymbol{AX} \geqslant \boldsymbol{B}$

非负约束：$\boldsymbol{X} \geqslant 0$

上述两个问题都是线性规划问题。更一般的数学规划问题可写为：

目标函数：$\min(\max) Z = f(X)$

约束条件：$G(X) \geqslant (\leqslant)B$

非负约束：$X \geqslant (\leqslant)0$

15.2　线性规划问题的数学求解

15.2.1　二维线性规划的图解法

最简单的线性规划是两个决策变量的线性规划，下面介绍它的图解法。

例 3　目标函数：$\min Z = -3x_1 + x_2$

$\qquad$ 约束条件：$2x_1 + 5x_2 \geqslant 12$

$\qquad\qquad x_1 + 2x_2 \leqslant 8$

$\qquad\qquad x_1 \leqslant 4$

$\qquad\qquad x_2 \leqslant 3$

$\qquad\qquad x_1, x_2 \geqslant 0$

由约束条件作图得该线性规划的可行解集 R（可行域），该线性规划的解首先必须在此可行域内。该可行域由六个半平面的共同部分组成,即图 15.3 中五条线段围成的凸多边形。

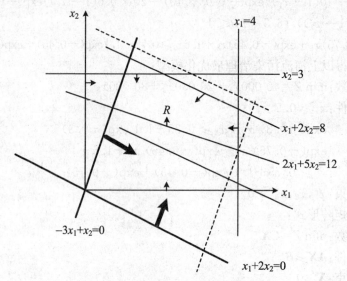

图 15.3　线性规划的图解法(例 3)

怎么在可行域内确定最优可行解呢?

根据目标函数中的 $Z=-3x_1+x_2$ 可写出 $x_2=3x_1+Z$,这实际上是一个直线簇,Z 为该直线簇在 x_2 轴上的截距。令 $Z=0$,则 $x_2=3x_1$ 为该直线簇中过原点 $(0,0)$ 的直线。将该直线向下平行移动,直线簇 $x_2=3x_1+Z$ 最后离开 R 对应的 X^* 即为最优可行解,对应的 Z^* 即为目标函数值。

若约束条件(可行域)不变,目标函数改变为 $\max Z=-3x_1+x_2$,可取直线簇向上平行移动,在最终离开 R 的 $(0,3)$ 处,该线性规划问题取得最优可行解,对应的 $Z^*=3$。

考虑目标函数为 $\min(\max)Z=ax_1+bx_2$,$Z=ax_1+bx_2$ 还是直线簇,只是方向和在 x_2 轴上的截距不同而已,取其中过原点的直线 $ax_1+bx_2=0$,根据目标函数确定上移、下移方向,在直线簇最后离开 R 的那一点,该线性规划问题得到最优可行解。

若将目标函数换为 $\max Z=x_1+2x_2$,直线上移,最后离开 R 的不是一个点,而是一个线段,该线段上的所有点对应的 Z 值均相等,都是该线性规划问题的最优可行解。

是不是所有两个决策变量的线性规划问题都有解呢?

例 4　如图 15.4 所示,例 4 可行域上方无界,其他三方有界,对目标函数

$\min Z = 6x_1 - 2x_2$ 无解，对目标函数 $\max Z = 6x_1 - 2x_2$ 有解。

例5 如图 15.4，例 5 无可行解，故无解。

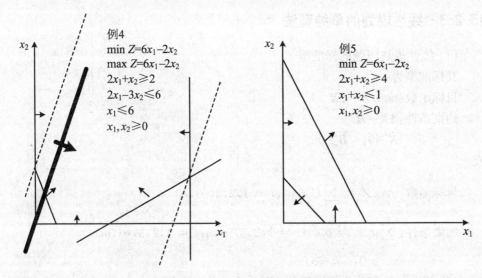

例4
$\min Z = 6x_1 - 2x_2$
$\max Z = 6x_1 - 2x_2$
$2x_1 + x_2 \geqslant 2$
$2x_1 - 3x_2 \leqslant 6$
$x_1 \leqslant 6$
$x_1, x_2 \geqslant 0$

例5
$\min Z = 6x_1 - 2x_2$
$2x_1 + x_2 \geqslant 4$
$x_1 + x_2 \leqslant 1$
$x_1, x_2 \geqslant 0$

图 15.4 线性规划的图解法（例 4、例 5）

图解法适用于求解两个自变量的线性规划，但对理解更多自变量的线性规划的求解过程有帮助，从中得出的线性规划解的基本性质可推广到三个变量以上的情况。如对三个变量的线性规划，约束条件对应的直线变为平面、半平面变为半空间、凸多边形变为凸多面体、最优可行解在端点（线）处得到变为在端点（面）上得到等，可行域也有无、有界、无界等多种情况。

15.2.2 线性规划解的性质

① 若线性规划有可行解，则可行解集是一个凸集（以凸集中任意两点为端点的线段仍然在集中），该可行解集可能有界，也可能无界，但只有有限个顶点。

② 线性规划可行解集的一个顶点对应一个基本可行解，若该线性规划问题有最优解，则必在基本可行解上达到；若有两个以上的最优解，则以此两点为端点的线段上的所有点都是最优解（无穷多最优解）。

③ 基本可行解的数量是有限的，如有 n 个自变量，m 个约束方程（$n \leqslant m$），约束矩阵的秩为 m，则基本可行解的个数不超过 C_n^m 个。

以上解的性质展示了线性规划问题的求解思路，缩小了解的搜索范围，即只需要在基本可行解中搜索即可。但求出所有基本可行解再找出最优可行解通常是不切实际的，因为基本可行解的数量虽然有限，但随着 n, m 增大，基本可行解的数目增长很快。单纯型法就是按一定方法,在基本可行解的一个子集上搜索最优解的方法。

15.2.3　线性规划的单纯型法

(1) 线性规划问题的标准型

其标准型为:

目标函数:$\max Z = CX$

约束条件:$AX = B$

$$X \geqslant 0, \quad B \geqslant 0$$

或

目标函数:$\max Z = \sum_{i=1}^{n} C_i x_i \quad (i = 1, 2, 3, \cdots, n)$

约束条件:$\sum_{i=1}^{n} a_{ij} x_i = b_j \quad (i = 1, 2, 3, \cdots, n; j = 1, 2, 3, \cdots, m)$

$$x_i \geqslant 0, \quad b_j \geqslant 0$$

(2) 将非标准型化为标准型的方法

其方法为:

$$\min Z = \max(-Z)$$

约束条件为≤(≥)号的,可在不等式左边加(减)一个非负的新变量(松弛变量或剩余变量),同时修改目标函数;b_j为负值的,两边同乘以 -1。

例6　LP1:

目标函数:$\max Z = 6x_1 + 4x_2$

约束条件:$2x_1 + 3x_2 \leqslant 100$

$\qquad 4x_1 + 2x_2 \leqslant 120$

$\qquad x_1 = 14$

$\qquad x_2 \geqslant 22$

$\qquad x_1, x_2 \geqslant 0$

可化为LP2:

目标函数:$\max Z = 6x_1 + 4x_2 + 0x_3 + 0x_4 + 0x_5$

约束条件:$2x_1 + 3x_2 + x_3 \qquad\qquad = 100$

$\qquad 4x_1 + 2x_2 \qquad + x_4 \qquad = 120$

$\qquad x_1 \qquad\qquad\qquad\qquad = 14$

$\qquad x_2 \qquad\qquad\qquad - x_5 = 22$

$\qquad x_1, x_2, x_3, x_4, x_5 \geqslant 0$

上述约束方程也可写成矩阵形式：

$$\begin{bmatrix} 2 & 3 & 1 & 0 & 0 \\ 4 & 2 & 0 & 1 & 0 \\ 1 & 0 & 0 & 0 & 0 \\ 0 & 1 & 0 & 0 & -1 \end{bmatrix} \times \begin{bmatrix} x_1 \\ x_2 \\ x_3 \\ x_4 \\ x_5 \end{bmatrix} = \begin{bmatrix} 100 \\ 120 \\ 14 \\ 22 \end{bmatrix}$$

能满足 LP2 的 $\boldsymbol{X}^* = (x_1, x_2, x_3, x_4, x_5)^{\mathrm{T}}$，其对应的 $\boldsymbol{X}^* = (x_1, x_2)^{\mathrm{T}}$ 也能满足 LP1，因此，可以认为，LP2 在特定条件下是与 LP1 等价的线性规划。

以 LP2 直接求解不够直观，为在约束方程组系数矩阵中获得初始单位基阵，构造 LP3：

目标函数：$\max Z = 6x_1 + 4x_2 + 0x_3 + 0x_4 + 0x_5 - Mx_6 - Mx_7$　（M 为一大正数）

约束条件：
$$2x_1 + 3x_2 + x_3 \qquad\qquad\qquad = 100$$
$$4x_1 + 2x_2 + \qquad x_4 \qquad\qquad = 120$$
$$x_1 + \qquad\qquad\qquad x_6 \qquad = 14$$
$$x_2 \qquad\qquad - x_5 + \qquad x_7 = 22$$
$$x_1, x_2, x_3, x_4, x_5, x_6, x_7 \geqslant 0$$

上述约束方程也可写成矩阵形式：

$$\begin{bmatrix} 2 & 3 & 1 & 0 & 0 & 0 & 0 \\ 4 & 2 & 0 & 1 & 0 & 0 & 0 \\ 1 & 0 & 0 & 0 & 0 & 1 & 0 \\ 0 & 1 & 0 & 0 & -1 & 0 & 1 \end{bmatrix} \times \begin{bmatrix} x_1 \\ x_2 \\ x_3 \\ x_4 \\ x_5 \\ x_6 \\ x_7 \end{bmatrix} = \begin{bmatrix} 100 \\ 120 \\ 14 \\ 22 \end{bmatrix}$$

上述单位基阵对应的变量称为基变量，其他变量称为非基变量。显然，可以直接写出 LP3 的一个基本可行解（初始基本可行解）$\boldsymbol{X}^* = (0, 0, 100, 120, 0, 14, 22)^{\mathrm{T}}$。在该解中，所有的基变量为对应的 b_j，所有的非基变量为 0。

由于 M 是大正数，只要 x_6, x_7 不为 0，Z 即不能取得极大值；但如果 $x_6, x_7 = 0$，能满足 LP3 的 $\boldsymbol{X}^* = (x_1, x_2, x_3, x_4, x_5, 0, 0)^{\mathrm{T}}$ 也能满足 LP2，因此，LP3 也是一个在特定条件下与 LP2 等价的线性规划。

下面研究怎样以初始基本可行解为起点，沿 Z 增长最快的方向搜索其他基本可行解，直至最优可行解。如果能够找到一组 $\boldsymbol{X}^* = (x_1, x_2, x_3, x_4, x_5, 0, 0)^{\mathrm{T}}$ 满足 LP3，则 $\boldsymbol{X}^* = (x_1, x_2)^{\mathrm{T}}$ 满足 LP1；如果找不到 $\boldsymbol{X}^* = (x_1, x_2, x_3, x_4, x_5, 0, 0)^{\mathrm{T}}$（将 x_6, x_7 从基变量中换出，变为非基变量），LP3 中 $Z \leqslant 6x_1 + 4x_2$，考虑 LP1 无解。

$\boldsymbol{X}^* = (0,0,100,120,0,14,22)^{\mathrm{T}}$ 对应的 Z 值如何?

LP3 的约束方程组中有 7 个自变量,4 个方程,可以看作是包含 3 个参变量(非基变量)的不定方程组,解此方程组,可将其中的 4 个基变量用 3 个非基变量表示。如可将 $Z = 6x_1 + 4x_2 + 0x_3 + 0x_4 + 0x_5 - Mx_6 - Mx_7 = 6x_1 + 4x_2 - Mx_6 - Mx_7$ 中的基变量 x_6, x_7 用非基变量 x_1, x_2, x_5 表示。由约束方程得 $x_6 = 14 - x_1$, $x_7 = 22 - x_2 + x_5$,代入目标函数得

$$Z = 6x_1 + 4x_2 + 0x_3 + 0x_4 + 0x_5 - Mx_6 - Mx_7$$
$$= 6x_1 + 4x_2 - M(14 - x_1) - M(22 - x_2 + x_5)$$
$$= -36M + (M+6)x_1 + (M+4)x_2 - Mx_5$$

$\boldsymbol{X}^* = (0,0,100,120,0,14,22)^{\mathrm{T}}$,对应的 $Z = -36M$。

将上述过程写出来构成单纯型表,如表 15.1 所示。

表 15.1　单纯型表

	Z		6	4	0	0	0	$-M$	$-M$
$\theta \leqslant$	基变量	常数项	x_1	x_2	x_3	x_4	x_5	x_6	x_7
50	x_3	100	2	3	1	0	0	0	0
30	x_4	120	4	2	0	1	0	0	0
14	x_6	14	1	0	0	0	0	1	0
	x_7	22	0	1	0	0	-1	0	1
	Z	$-36M$	$M+6$	$M+4$	0	0	$-M$	0	0

看 Z 的增长趋势,Z 随 x_1,x_2 增长而增长,随 x_5 增长而下降,且随 x_1 的增长而增长得最快,考虑入基(变为基变量 $\geqslant 0$),使 Z 增加。如何确定出基变量?令 $x_1 = \theta \geqslant 0$,$x_2 = x_5 = 0$,代入原方程组得

$$2\theta + x_3 = 100 \qquad x_3 = 100 - 2\theta \geqslant 0 \qquad \theta \leqslant 100/2 = 50$$
$$4\theta + x_4 = 120 \qquad x_4 = 120 - 4\theta \geqslant 0 \qquad \theta \leqslant 120/4 = 30$$
$$\theta + x_6 = 14 \qquad x_6 = 14 - \theta \geqslant 0 \qquad \theta \leqslant 14/1 = 14$$
$$x_7 = 22 \qquad x_7 = 22$$

由此得 x_6 是对 θ(也即 x_1,Z 的增长)约束最强的基变量,确定 x_6 为出基变量。

将单纯型表 15.1 中基变量 x_6 换为 x_1(x_6 换为 x_1,第 1 行换为第 1 行 $-2 \times$ 第 3 行,第 2 行换为第 2 行 $-4 \times$ 第 3 行),用新的非基变量 x_6 表示 Z 中的新基变量 x_1:

$$Z = -36M + (M+6)x_1 + (M+4)x_2 - Mx_5$$
$$= -36M + (M+6)(14 - x_6) + (M+4)x_2 - Mx_5$$
$$= 84 - 22M + (M+4)x_2 - Mx_5 - (M+6)x_6$$

由此可得 $\boldsymbol{X}^* = (14,0,72,64,0,0,22)^{\mathrm{T}}$,对应的 $Z = 84 - 22M$,并可进一步确定 x_2 为新的入基变量,x_7 为新的出基变量,得单纯型表15.2。

表 15.2 单纯型表

$\theta\leqslant$	基变量	常数项	x_1	x_2	x_3	x_4	x_5	x_6	x_7
24	x_3	72	0	3	1	0	0	-2	0
32	x_4	64	0	2	0	1	0	-4	0
	x_1	14	1	0	0	0	0	1	0
22	x_7	22	0	1	0	0	-1	0	1
	Z	$84-22M$	0	$M+4$	0	0	$-M$	$-(M+6)$	0

同理可得单纯型表15.3。

表 15.3 单纯型表

$\theta\leqslant$	基变量	常数项	x_1	x_2	x_3	x_4	x_5	x_6	x_7
2	x_3	6	0	0	1	0	3	-2	-3
10	x_4	20	0	0	0	1	2	-4	-2
	x_1	14	1	0	0	0	0	1	0
	x_2	22	0	1	0	0	-1	0	1
	Z	172	0	0	0	0	4	$-(M+6)$	$-(M+4)$

由表15.3可得:$\boldsymbol{X}^* = (14,22,6,20,0,0,0)^{\mathrm{T}}$,对应的 $Z = 172$,并可进一步确定 x_5 为新的入基变量,x_3 为新的出基变量。同理可得单纯型表15.4。

表 15.4 单纯型表

$\theta\leqslant$	基变量	常数项	x_1	x_2	x_3	x_4	x_5	x_6	x_7
	x_5	2	0	0	1/3	0	1	$-2/3$	-1
	x_4	16	0	0	$-2/3$	1	0	$-8/3$	0
	x_1	14	1	0	0	0	0	1	0
	x_2	24	0	1	1/3	0	0	$-2/3$	0
	Z	180	0	0	$-4/3$	0	0	$-(M-10/3)$	$-M$

此时的非基变量为 x_3,x_6,x_7,同时 x_6,x_7 出基,Z 的表达式中所有 x_n 的系数小于 0,因此,$\boldsymbol{X}^* = (14,24,0,16,2,0,0)^{\mathrm{T}}$,$Z^* = 180$ 为 LP3 的最优解;$\boldsymbol{X}^* = (14,24)^{\mathrm{T}}$,$Z^* = 180$ 为 LP1 的最优解。

解法小结:① 将线性规划化为标准型,引入人工变量,构造含单位基阵的约束方程组,用大 M 法改写目标函数;② 将 Z 表达式中的基变量用非基变量表示,判断是否需要换基,确定入基变量和出基变量,完成表15.1;③ 对表15.1中相应行做初等变换，形成包含新的单位基阵的系数矩阵，将 Z 表达式中的基变量用非基变量表示，判断是否需要换基，确定入基变量和出基变量，完成后续单纯型表；④ 由此类推，直至人工变量出基，Z 的表达式中所有 x_n 系数小于 0。

单纯型法就是以引入人工变量构成单位基阵的标准型线性规划为基础，利用单纯型表，通过一系列的等值变换，在基本可行解集中沿 Z 增长最快的方向搜索，用人工变量换出基变量，并使 Z 值得到不断改善的过程。

15.3　环境规划问题的动态规划建模

动态规划是解决多阶段决策过程最优化的一种规划方法。一般来说它也适用于线性规划、非线性规划模型。动态规划模型是解决离散型优化问题的非常有用的工具，正因为如此，一般难以用解析函数形式表达。适用于动态规划的解题方法是按序分配法，即把研究的问题按时间顺序分解成包含若干个决策阶段的决策序列，对序列中的每一个决策阶段，分配一个或多个资源，在每一个阶段都要做出决策，以便使整个过程取得最优决策。

动态规划也可以用来处理一些本来与时间没关系的静态模型，只要在静态模型中人为地引进"时间"的因素，分成有序阶段，就可把它当作多阶段动态模型来解决。

用动态规划方法求解的关键是构成动态规划模型。构成动态规划模型，除了要将实际问题按时间或空间恰当地化成若干阶段外，主要应确定状态变量、决策变量、决策允许集合、状态转移方程和指数函数等。

例6　一工业区内有三个 TSP 的污染源，其中两个是燃煤发电厂，另一个是水泥厂的窑炉。发电厂和水泥厂的排放系数分别为 95 kg/t 煤和 85 kg/t 水泥。水泥厂产量为 250 000 t/a，两个发电厂燃煤量分别为 400 000 t/a 和和 300 000 t/a，这三个 TSP 排放源当前都没有控制措施。根据大气监测和这三个厂的环境影响模拟结果，环保部门决定以最小的费用把该工业区大气中的 TSP 浓度削减 80%。各污染源去除 TSP 的可能方法和相应的费用列于表 15.5。设每个污染源只能采取一种去除方法，如何确定治理方案（写出数学规划模型）？

表 15.5　污染源去除 TSP 的可能方法和相应费用

控制方法	去除效率（%）	控制方法的费用（美元/t）		
		发电厂1	发电厂2	水泥厂3
隔板沉淀槽	59	1.0	1.4	1.1
多级除尘器	74	—	—	1.2

控制方法	去除效率(%)	控制方法的费用(美元/t)		
		发电厂1	发电厂2	水泥厂3
长锥除尘器	84	—	—	1.5
喷雾洗涤器	94	2.0	2.2	3.0
静电除尘器	97	2.8	2.8	—

解: 根据比例缩减原理,以最小的费用将大气中的 TSP 浓度削减80%,就是以最小的费用将水泥厂和两个发电厂的 TSP 排放总量削减80%。现有排放量为:

污染源 1:$95 \times 400\,000 = 38 \times 10^6$(kg/a)

污染源 2:$95 \times 300\,000 = 28.5 \times 10^6$(kg/a)

污染源 3:$85 \times 250\,000 = 21.25 \times 10^6$(kg/a)

总计:87.75×10^6(kg/a)

故最大允许排放量:$87.75 \times (1 - 80\%) = 17.55 \times 10^6$(kg/a)

本例是一离散型决策规划问题,可采用动态规划求解。为建立动态规划模型,首先将问题理解成按序分配的过程。分配的要求是将 17.55×10^6 kg/a 的 TSP 允许排放量分摊到每个污染源。由已知条件,目前三个污染源排放量均超过 17.55,故必须采取措施。将每个污染源采取可能治理措施后的排放量 x_j 和对应的费用加以整理,对 $\sum\limits_{j=1}^{3} x_j \leqslant 17.55$ 进行检验,删除不能满足要求的方案,如图 15.5 所示,

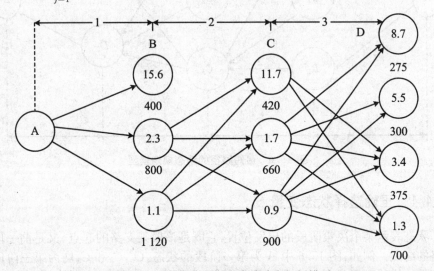

图 15.5 大气污染治理方案的动态规划模型

注:圈内数字:排放量(10^6 kg/a);圈外数字:治理费用(10^3 美元/a)。

图中各个圆圈都表示不同阶段可取的不同状态。由图 15.5 可写出优化模型,这个模型是一个动态规划模型:

$$
\begin{cases}
\min Z = \sum_{j=1}^{3} C_j(S_j, x_j) \\
\text{s. t.} \sum_{j=1}^{3} x_j \leqslant 17.55
\end{cases}
$$

15.4 动态规划问题的数学求解

典型的动态规划问题可表述为最短路径问题。如图 15.6 所示,从 A 地到 E 地可以途经许多中间点到达,除 A,E 外的每个圆圈都代表一个中间点,每条箭头都代表一条可能的路径,箭头边的数字则代表这一路径的里程。所谓最短路径问题,就是在 A,E 之间可能存在的多种路径组合中,选择一条最短的组合路径,使总里程最短。以下动态规划求解方法给出这一问题的一般解法。

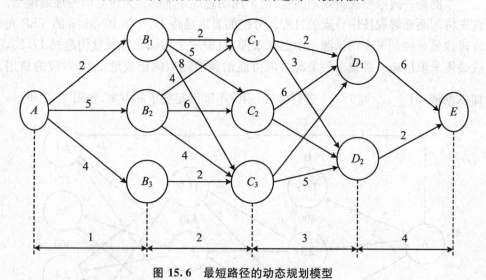

图 15.6 最短路径的动态规划模型

15.4.1 正确选择状态变量 S_k

状态表示某个决策阶段的出发位置,它既是该段某支路的起点,又是前一段某支路的终点。例如,图 15.6 中 A 为第一阶段的状态,C_1,C_2 和 C_3 均为第三阶段的状态等。描述过程状态的变量叫状态变量,常用 S_k 表示第 k 阶段的某一状态,如 S_3 包括 C_1,C_2 和 C_3 三种状态。动态规划中的状态必须满足三个特征:

① 要能用来描述过程的演变特征。如状态 S_3 可以取 C_1，C_2 和 C_3 三个值，它们可以描述整个运行过程。

② 要满足无后效性。就是说，如果某段状态给定，则在这段以后过程发展不受前面各段状态的影响。即过程的过去只能通过当前的状态去影响它的未来发展，当前的状态就是未来过程的初始状态。

③ 可知性。即规定的各段状态的变量值，都是直接或间接可知道的。

15.4.2　确定决策变量 x_k 及每段的决策允许集合 $D_k(S_k) = \{x_k\}$

决策变量表示在状态处于 S_k 时，下一步所选取的点（或决策）。在某一个阶段，决策可能有多个。如 x_2，当状态 S_2 处于 B_3 时，可选取的点只有 C_3，即 $x_2(B_3) = C_3$，而当状态 S_2 处于 B_1 或 B_2 时，下一步选择的点包括 C_1，C_2 和 C_3，即 $x_2(B_1) = x_2(B_2) = \{C_1, C_2, C_3\}$。把每阶段的允许决策全部列出来就构成了允许决策集合，第 k 阶段的允许决策集合用 $D_k(S_k)$ 来表示。

15.4.3　写出状态转移方程

如给定第 k 阶段状态变量 S_k 之值，则该阶段决策变量 x_k 一经确定，第 $k+1$ 阶段状态变量 S_{k+1} 之值也就完全确定，即有 $S_{k+1} = T(S_k, x_k)$，它表示由第 k 阶段到第 $k+1$ 阶段的状态转移规律，称为状态转移方程。

15.4.4　列出满足递推性的指标函数关系 $f_{k,n}$

$$f_{k,n} = C_k(S_k, x_k) + f_{k+1,n}(S_{k+1}, \cdots, S_{n+1}) \tag{1}$$

常见的指标函数是取各段指标和的形式：

$$f_{k,n} = \sum_{j=k}^{n} C_j(S_j, x_j) \tag{2}$$

其中，$C_j(S_j, x_j)$ 表示第 j 段指标。最优策略的指标函数值应为

$$f_k(S_k) = \mathrm{opti} f_{k,n} = \mathrm{opti} \{ C_k(S_k, x_k) + f_{k+1}(S_{k+1}) \}$$

$$(k = n, n-1, \cdots, 1; x_k \in D_k(S_k); f_{n+1}(S_{n+1}) = 0) \tag{3}$$

构成动态规划模型后，可按逆序算法求解，即根据（1）式，从 $k=n$ 开始逐段向前推移，一直到求出 $f_1^*(S_1)$ 时，就得到过程的最优解（包括最优策略及相应的最优指标函数值）。同时，从整个过程寻优中，各阶段的最优值也随之确定了。下面以解图 15.6 为例来看动态规划的具体解题思路与方法。

例 7　求解图 15.6 的最短路径问题。

解：根据（1）式和（2）式，首先得到 $f_4(S_4)$ 有两个允许决策：

$$\left.\begin{array}{l} f_4(S_4) = f_4(D_1) = 6+0 = 6 \\ f_4(S_4) = f_4(D_2) = 2+0 = 2 \end{array}\right\}$$

路径分别为 $D_1 \rightarrow E$ 和 $D_2 \rightarrow E$。

由递推关系继续得到,当 $k=3$ 时,

$$f_3(C_1) = \min\left\{\begin{array}{l} 2+f_4(D_1) \\ 3+f_4(D_2) \end{array}\right\} = \min\left\{\begin{array}{l} 2+6 \\ 3+2 \end{array}\right\} = 5$$

其最短路线为 $C_1 \rightarrow D_2 \rightarrow E$。

$$f_3(C_2) = \min\left\{\begin{array}{l} 6+f_4(D_1) \\ 9+f_4(D_2) \end{array}\right\} = \min\left\{\begin{array}{l} 6+6 \\ 9+2 \end{array}\right\} = 11$$

其最短路线为 $C_2 \rightarrow D_2 \rightarrow E$。

同理,$f_3(C_3)=7$,其最短路线为 $C_3 \rightarrow D_2 \rightarrow E$。

当 $k=2$ 时,

$$f_2(B_1) = \min\left\{\begin{array}{l} 1+f_3(C_1) \\ 5+f_3(C_2) \\ 8+f_3(C_3) \end{array}\right\} = 6$$

其最短路线为 $B_1 \rightarrow C_1 \rightarrow D_2 \rightarrow E$。

同理,$f_2(B_2)=9$,$f_2(B_3)=9$,其最短路径分别为 $B_2 \rightarrow C_1 \rightarrow D_2 \rightarrow E$ 和 $B_3 \rightarrow C_3 \rightarrow D_2 \rightarrow E$。

最后,当 $k=1$ 时,

$$f_1(A) = \min\left\{\begin{array}{l} 2+f_2(B_1) \\ 5+f_2(B_2) \\ 4+f_2(B_3) \end{array}\right\} = 8$$

故最短路径为 $A \rightarrow B_1 \rightarrow C_1 \rightarrow D_2 \rightarrow E$,最短距离为 8。

例 8 求解例 6 的大气污染治理最优方案问题。

解:如图 15.6 建立动态规划模型。当 $k=3$ 时,$f_3(S_3) = \min C_3(S_3, x_3)$,即

$$f_3(11.7) = \min\left\{\begin{array}{l} 375 \\ 700 \end{array}\right\} = 375, \quad f_3(1.7) = \min\left\{\begin{array}{l} 275 \\ 300 \\ 375 \\ 700 \end{array}\right\} = 275$$

$$f_3(0.9) = \min\left\{\begin{array}{l} 275 \\ 300 \\ 375 \\ 700 \end{array}\right\} = 275$$

最短路径分别为 $C_1 \rightarrow D_3$,$C_2 \rightarrow D_1$ 和 $C_3 \rightarrow D_1$。

由递推关系继续得到,当 $k=2$ 时,

$$f_2(2.3) = \min \begin{cases} 420+f_3(11.7) \\ 660+f_3(1.7) \\ 900+f_3(0.9) \end{cases} = 795, \quad f_2(1.1) = \min \begin{cases} 420+f_3(11.7) \\ 660+f_3(1.7) \\ 900+f_3(0.9) \end{cases} = 795$$

最短路径分别为 $B_2 \to C_1 \to D_3$ 和 $B_3 \to C_1 \to D_3$。

最后,当 $k=1$ 时,

$$f_1(A) = \min \begin{cases} 800+f_2(2.3) \\ 1120+f_2(1.1) \end{cases} = 1595$$

此时最短路径为 $A \to B_2 \to C_1 \to D_3$,检验约束方程有 $2.3+11.7+3.4=17.4 \leqslant 17.55$。故最优方案为:污染源 1 采用喷雾洗涤器,污染源 2 采用隔板沉淀槽,污染源 3 采用长锥除尘器;总费用为 1 595 000 美元/a。

复习思考题

1. 简述线性规划的建模方法和模型解释。
2. 简述线性规划的图解法及解的基本性质。
3. 如何将线性规划化为标准型?
4. 动态规划是解决什么样的规划问题的?
5. 怎样把握动态规划的建模与求解方法?

参考文献

[1] 朱发庆. 环境规划[M]. 武汉:武汉大学出版社,1995.

[2] 郭怀成,等. 环境规划学[M]. 北京:高等教育出版社,2002.

[3] 邓成梁,等. 经济管理数学[M]. 武汉:华中理工大学出版社,2012.

16　大气污染控制规划

大气污染控制规划的主要任务是,在一定的技术、经济条件下,充分利用大气环境自身的稀释扩散能力,有效保护大气环境质量。具体而言:

① 用大气扩散模式研究一个地区的大气扩散规律和污染物的时空分布规律;

② 用污染控制规划模型合理分配各污染源的负荷,选择有效、合理、优化的治理途径;

③ 将定量分析的结果落实到具体的管理、布局和治理措施上,提出规划方案。

16.1　大气污染扩散模式

最基本的大气污染扩散模式是高架点源的高斯模型。高斯模型有四个基本假设:① 均匀稳定的风场($\bar{u}$);② 连续源强(Q);③ 污染物保守传递或质量守恒;④ 污染物浓度在横风和垂直方向呈正态分布。

当污染源参数 Q, h_s, D, T, v,气象参数 $\bar{u}, A\text{-}F$ 已定时,某预测点 $P(x, y, z)$ 的污染物浓度 $C(x, y, z)$ 只与污染源 $O(0,0,0)$ 和预测点 $P(x, y, z)$ 的相对位置有关。

$$C(x, y, z) = \frac{Q}{2\pi\bar{u}\sigma_y\sigma_z}\exp\left(-\frac{y^2}{2\sigma_y{}^2}\right)\left[\exp\left(-\frac{(z-h_e)^2}{2\sigma_z{}^2}\right) + \exp\left(-\frac{(z+h_e)^2}{2\sigma_z{}^2}\right)\right]$$

以此为基础,考虑不同的气象条件(微风、静风、逆温)、地形(山谷、山坡、丘陵)和沉降作用,加以修正,可得高斯模型体系(包括点源、线源、面源)。

对特定的区域,划分一定的网格,将污染源归并为主要的点源、线源、面源。在给定典型气象条件下,可以计算特定源对网格点或控制点的浓度贡献值以及这些网格点或控制点的预测浓度值。

长期浓度预测可以根据长期气象观测所得风向、风速、稳定度联合频率,用特定气象条件下的预测浓度按频率加权平均而得。

16.2 大气污染控制规划模型

16.2.1 对单个源的控制方法

(1) 用排放标准控制大气污染(污染物浓度控制)

工业废气排放标准和锅炉、窑炉废气排放标准规定了不同功能区、不同时段、不同行业、不同排放条件(如高度)主要污染物的允许排放速率(kg/h)和浓度(mg/nm³),可据此确定新污染源和老污染源控制程度。

(2) K 值法

日本 1968 年控制 SO_2 点源采用的方法。在高斯模式中,令 $y=z=0$,对 σ_z 求偏导,令其为 0,得 $\sigma_z=\dfrac{h_e}{\sqrt{2}}$ 时 C 达到最大值(最大落地浓度):$C_{\max}=\dfrac{2Q}{\pi e\bar{u}h_e^2}\dfrac{\sigma_z}{\sigma_y}$。进一步引入假设可得 $Q=0.584C_{\max}h_e^2$,令 $K=0.584C_{\max}\times10^3$,有

$$Q=K\times10^{-3}h_e^2 \quad 或 \quad K=\frac{Q}{h_e^2}\times10^3$$

可根据不同地区的污染情况给定 K 值(最大落地浓度)。K 值越小,所允许的污染物浓度越低。或者,为了达到给定的 K 值,新老污染源必须 Q 变小或 h_e 变大。

K 值法的局限:只是对单个源的控制要求,在污染源不断增加的地区,必须频繁地修正 K 值;对污染影响较大的低矮烟囱群,未列入控制对象。

(3) P 值法

它与 K 值法相似,是对单个点源提出允许排放量和排放要求的方法,分为以下几种情况:

① 对平原农村和城市远郊 $h_s\geqslant40$ m 或 $Q\geqslant40$ kg/h 的污染源,SO_2 允许排放量 $Q=P\times10^{-3}h_e^2$(kg/h),其中 $P=P_0P_1P_2P_3P_4$ 为排放指数(排放原则)。$P_0=15.37C_0\bar{u}$ 称为平流稀释系数;C_0 为环境质量标准中的浓度限值;P_1 为横风向稀释系数;P_2 为风方位系数,在保护对象的上下风侧不同;P_3 为多源密集系数,考虑源密度,这点比 K 值法进步;P_4 为政治经济系数,政治情况好,经济情况好。

② 对 SO_2 以外的其他有害气体($h_s\geqslant15$ m),$Q=12.8\times10^{-3}C_0\bar{u}_{10}P_2P_3h_e^2$。

③ 对电厂烟囱的颗粒物,处理前排放量 $Q=\dfrac{P}{1-\eta}h_e^2$,η 为除尘措施效率。

可见,P 值法给定排放原则,可根据排放条件确定允许排放量 Q,也可根据实际或设计的排放量 Q,确定 $h_s=h_e-\Delta h$ 或 η。如果同时排放几种污染物,可按最严

格条件设计。

P 值法已列入国标《制定地方大气污染物排放标准的原则与方法》,不同地区,参数不同,达标即满足上述 P 值要求。

以上几种方法都是属于单个源的控制方法。这种方法的不足在于无法控制由于污染源数量增加、密度增加造成的排放总量增加和环境质量恶化的趋势。即有可能"大家都达标,环境不达标"。因此,必须采取新的控制思路,这就形成了各种不同的总量控制方法。

16.2.2 区域大气污染物排放总量控制方法

总量控制分两种,目标总量控制和容量总量控制。前者根据某一基准年的排放量提出总量控制的指标,具有代表性的是我国《全国主要污染物排放总量控制计划(1996)》;后者以区域环境容量为依据,提出总量控制目标和方案。总量控制方法有共同的学术背景,即系统工程的思想,是从总体考虑进行控制,如倒排工期(施工时间的总量控制)、经费包干(经费的总额控制)等。

(1)"九五"期间全国主要污染物排放总量控制计划

《中华人民共和国国民经济和社会发展"九五"计划和 2010 年远景目标纲要》提出了我国"九五"期间的环境保护目标:到 2000 年,力争使环境污染和生态破坏加剧的趋势得到基本控制,部分城市和地区的环境质量有所改善。我国环境污染十分严重,在不少地区有些污染物排放总量已明显超过环境承载能力(如淮河干流排放量超过自净容量 3 倍,SO_2 排放总量世界第一,是全球三大酸雨区之一,有些地方降水 pH 值达到 3)。随着经济和人口增长,污染物排放总量还会增加。为了实现"九五"环境保护目标,必须严格控制污染物排放总量。

经过多年的努力,统计资料比较完善,几次全国性的污染源调查提供了比较准确的数据,在一些地区进行了总量控制和排污许可证的试点,主要行业排污系数和预测方法的研究取得成效,这些也为实施总量控制提供了有利条件。

"九五"期间确定对 12 种污染物实行排放总量控制,其中大气污染物 3 种:烟尘、工业粉尘、二氧化硫;废水污染物 8 种:化学需氧量、石油类、氰化物、砷、汞、铅、镉、六价铬;固体废物 1 种:工业固体废物。这些污染物的确定体现了以下原则:对环境危害大的国家重点控制的主要污染物;环境监测和统计手段能够支持;技术上容易实施总量控制。如我国大气质量问题主要表现为多数城市 TSP、烟尘、二氧化硫严重超标,酸雨迅速发展。烟尘和工业粉尘治理已有二十多年,技术成熟。"七五""八五"期间二氧化硫治理也进行了专项攻关,已有适用技术;新公布的大气污染防治法已规定了酸雨控制区和二氧化硫控制区的条款;1992 年开始,国务院已批准征收二氧化硫排污费试点;改革开放使国家经济情况改善,提供了调整空间,群众改善环境的要求也提高了,因此,全面控制二氧化硫技术经济条件已经具备。而氮氧化物超标当时只限于少数城市,适用的治理技术缺乏,费用昂贵,故"九五"暂不列入。

进行本次总量分解的原则:

① 总量达标。到 2000 年,全国主要污染物排放总量控制在"八五"末水平,不得突破。

② 突出重点。凡属"九五"期间国家重点污染控制的地区和流域(酸雨控制区和二氧化硫控制区;淮河、海河、辽河流域;太湖、滇池、巢湖流域),所控制的污染物排放总量应当有所削减。

③ 区别对待。根据不同地区经济与环境现状,适当照顾地区差别。东部地区要在"八五"末的基础上有所削减,中部地区控制在"八五"末水平,西部地区根据具体情况,部分指标可适当放宽。

④ 对危害性大的有毒污染物如氰化物、砷、重金属等,必须从严控制,比"八五"末有所减少;对烟尘、工业粉尘、化学需氧量、石油类、工业固体废物排放量等要控制在"八五"末水平;对控制难度大的二氧化硫排放量在酸雨和二氧化硫控制区要力争控制在"八五"末水平。

⑤ 扶持优强。实行污染物排放总量控制,要有利于实现环境资源的合理配置,有利于贯彻国家产业政策,有利于企业技术进步和提高治理污染的积极性。把污染物排放量往企业分解时,必须首先要求企业达标排放。

本次总量控制的基本做法:

① 在各省、自治区、直辖市申报的基础上,根据统计资料推算、核实 1995 年排放量基数;经全国综合平衡,编制全国污染物排放总量控制计划;把"九五"期间主要污染物排放量分解到各省、自治区、直辖市,作为国家控制计划指标。各省、自治区、直辖市把省级控制计划指标分解下达,逐级实施总量控制计划管理。

② 污染物排放量较大的工业部门,力争实现增产不增污。

③ 编制年度计划,进行年度检查、考核,定期公布各地总量控制指标完成情况。

(2)比例缩减模型

根据高斯模式,单个污染源造成的污染物浓度与污染物的排放量成正比。因此,一个城市或地区污染源位置(分布格局)不变,对每个源的排放量以同样的比例缩减,该地区的污染物浓度也将以相同的比例缩减。由于大小不同的污染源按同比例削减在经济、技术上可能是不合理的,比例缩减模型(Proportional Rollback Model)进一步假定所有源的排放总量按比例缩减,则该地区污染物浓度也以同比例削减。这样,就在区域环境质量目标和排放总量目标之间建立了对应关系,避免

了进行大气扩散规律研究的复杂过程,可直接写出以下线性规划模型:

目标函数:$\min Z = \sum\limits_{i=1}^{m}\sum\limits_{j=1}^{n} C_{ij}x_{ij}$

约束条件:$\sum\limits_{j=1}^{n} a_{ij}x_{ij} = S_i$

$$\sum\limits_{i=1}^{m}\sum\limits_{j=1}^{n} b_{ijp}x_{ij} \leqslant A_p$$

$$x_{ij} \geqslant 0$$

$$i = 1,2,\cdots,n; j = 1,2,\cdots,m; p = 1,2,\cdots,q$$

上式中,决策变量 x_{ij} 为 i 源在采用 j 控制方法的情况下生产的产品(或产值);C_{ij} 是 i 源采用 j 控制方法生产单位产品(或产值)分摊的治理费用;约束条件 1 是对 i 源的产量约束,a_{ij} 为逻辑变量,当 j 控制方法对 i 源可行时 $a_{ij} = 1$,不可行时 $a_{ij} = 0$;约束条件 2 是全区 p 种污染物的总排放量约束,b_{ijp} 是 i 源采用 j 控制方法生产单位产品(或产值)排放 p 污染物的量,如 j 方法对 i 源、p 污染物不适用,则 $b_{ijp} = 0$。

美国圣路易斯市用此模型进行过研究,涉及 94 个污染源,5 种大气污染物。污染物和污染源比较多时,必须使用计算机求解。由于该模型包含了不严格的假定,可以认为它是一种介于目标总量控制和容量总量控制之间的过渡型模式。

(3) 大气污染物迁移模型

比例削减模型的结果具有总费用最少的优化特征,但因它不考虑污染源的分布、区域扩散能力以及对空气质量要求上的可能不同,当所有污染源排放量或污染物排放总量按比例削减后,有些地方可能削减不足,达不到环境质量的要求,而有的地方污染物浓度会过度削减。这样,在排放量和环境质量之间还是没有建立起直接的联系。大气污染物迁移模型在区域内选择 r 个控制点,用扩散模型估算控制点的污染物浓度,建立环境质量约束:

目标函数:$\min Z = \sum\limits_{i=1}^{m}\sum\limits_{j=1}^{n} C_{ij}x_{ij}$

约束条件:$\sum\limits_{j=1}^{n} a_{ij}x_{ij} = S_i$

$$\sum\limits_{i=1}^{m}\sum\limits_{j=1}^{n} t_{ik}b_{ijp}x_{ij} \leqslant C_{pk}$$

$$x_{ij} \geqslant 0$$

$$i = 1,2,\cdots,n; j = 1,2,\cdots,m; p = 1,2,\cdots,q; k = 1,2,\cdots,r$$

$$t_{ik} = \frac{1}{\pi \bar{u}\sigma_{yik}\sigma_{zik}}\exp\left(-\frac{y_{ik}^2}{2\sigma_{yik}^2} - \frac{h_{ei}^2}{2\sigma_{zik}^2}\right)$$

上式中,C_{pk} 为污染物 p 在控制点 k 的浓度限值;t_{ik} 为 i 源单位源强对 k 控制点的浓度传递系数,在 i 源和 k 控制点的位置固定,气象参数已知时为常数;其余符号含义与比例削减模型同。该模型将各污染源的排放与环境质量直接挂钩,以区域治理总费用最少为分配原则,提出的方案是效率比较高的,可作为实施的依据。但是它不是根据各个源的污染责任确定削减任务,不公平,不能作为费用分摊的依据。

确定模式计算的气象参数,可以对本地区长期天气形势进行分型统计,确定最常见的、最有利扩散的和最不利扩散的天气类型,据此确定各种典型日气象参数;也可以将本地区长期污染物日均浓度观测资料按从小到大排序,确定一定保证率对应的典型日,从而确定气象参数。

(4) 按污染责任削减模型

其方法步骤如下:

确定控制点,确定典型日气象参数。

用扩散模型计算 i 源对 k 控制点的浓度贡献值:

$$C_{ik} = \frac{Q_i}{\pi \bar{u} \sigma_{yik} \sigma_{zik}} \exp\left(-\frac{y_{ik}^2}{2\sigma_{yik}^2} - \frac{h_{ei}^2}{2\sigma_{zik}^2}\right)$$

i 源对 k 控制点的浓度分担率:

$$P_{ik} = \frac{C_{ik}^2}{\sum\limits_{i=1}^{m} C_{ik}^2}$$

k 控制点的污染物浓度应削减总量:

$$R_k = C_{k0} - C_{ks}$$

其中,C_{k0} 为削减前日均浓度,C_{ks} 为日均浓度限值。

i 源对 k 控制点削减后的分担浓度:

$$C_{ik1} = C_{ik} - R_k \times P_{ik}$$

所有源按贡献率削减后 k 控制点的浓度:

$$C_{k1} = \sum\limits_{i=1}^{m} C_{ik1}$$

k 控制点达标需要 i 源的削减率:

$$d_{ik} = \frac{C_{ik} - C_{ik1}}{C_{ik}}$$

所有控制点达标 i 源需要的削减率:

$$\max(d_{ik})$$

i 源的应削减量和允许排放量:

$$\Delta Q_i = Q_i \max(d_{ik}), \quad Q_i' = Q_i(1 - \max(d_{ik}))$$

该地区在给定排放格局下,保证控制点达标的污染物允许排放总量:

$$Q'_i = \sum_{i=1}^{m} Q_i(1 - \max(d_{ik}))$$

这是按污染责任确定的污染物允许排放总量,相对公平。方法(3)和(4)的结果不一致,采取治理措施时用(3)比较有效率,收费时按(4)对区域内各污染源进行平衡和补偿比较公平。

16.3　大气污染控制规划措施

大气扩散规律、规划模型的研究都是为确定和选择规划控制措施服务的,从规划的角度,大气污染控制措施主要可从以下几个方面考虑:① 研究大气容量资源特点,确定合理的产业发展方向和规模,建立与大气容量资源相适应的产业结构、能源结构;② 污染物的减量化和综合利用,从源头上控制外排量;③ 采用合理布局技术,充分利用自然容量,减轻大气污染的负效应;④ 对仍然不能解决的污染问题,采用工程技术措施进行尾部治理。以上②④两条侧重于清洁生产、能源政策、产业生态学和环境工程。这里主要讲①③两点。

16.3.1　加强宏观控制,调整产业、能源、交通体系

容量资源各地不同。不利于扩散的地区(山区、静风、小风频率比较高的地区),不宜发展大气污染重的产业。小化肥、小炼油、小钢铁等能耗高、效益差、排污重的企业应予取缔,把容量留给高效益的企业。要根据大气容量资源特点,制定合理的产业、能源、交通政策,确定与大气容量资源相适应的产业方向和规模,建立合理的产业结构、能源结构、交通体系。

大气容量资源与土地资源相同,是有限的,不能浪费,要高效利用。对新建区,要充分论证产业方向和规模的合理性(承载力);对建成区,要把调整产业结构、发展方向作为解决污染的重要措施。

兰州是河谷型城市,大气环境容量小,重污染企业要迁出市区,有限的容量资源要留给效益好的重点项目。北京作为首都,是全国的政治、文化、科教中心,是不是非要建成经济中心? 如果也要建成经济中心,以什么作为支柱产业? 是金融、高科技、旅游,还是大型的重工业?"要首钢还是要首都?""首钢搬还是首都搬?"目前这些问题的思路越来越清晰,调整力度越来越大,面貌大变。

目前,北京、广州、上海等城市,汽车已成为主要的大气污染源,大气污染类型已从以 SO_2,TSP 为主向 PM10,NO_2 为主转变。我国汽车保有量快速上升,国家把汽车产业作为支柱产业,产必促销,政府和厂商以各种措施鼓励私人拥有汽车,成

为一个有争议的问题。一个地区,在特定的时期,究竟能够容纳多少汽车,取决于道路水平、管理水平、环境容量、汽车使用情况等多种因素,是宏观管理问题、规划问题。

兰州市由于地形限制,交通量集中在几条主干道上,比平原城市交通问题出现得早且严重,如何确定其交通模式值得研究。兰州市出租车分单双号行驶,说明有一半的出租车是多余的或是现有的道路网难以接纳的。除总量外,车辆行驶情况也对污染物排放有很大影响。车速快,则 NO_2 排放量大,CO,CH,TSP 排放量少。兰州市堵车,除车流量大外,道路水平落后和疏导不利也是重要原因。

为解决市内交通拥挤问题,北京实现了外环和过境公路的高速化,但并没有收到期望的效果,一些车仍然从市区穿行,原因是高速路是收费的。因此,城里的交通稍好一些,城外的车就入城了。为此,清华大学某教授建议高速路取消收费。如果通过不收费的措施,能够将市区部分交通外移,也是合算的。这涉及交通拥挤的费用核算和部门利益的协调问题。

交通调控手段包括控制油价,收取车牌费、停车费和改善公交系统等。1998年,联合国"可持续发展的交通"国际研讨会在北京举行,其宣言的第一句话为:"交通是指人员和货物的移动而非车辆的移动"。我们的情况如何?是否按照这一原理规划我们的交通系统,十分需要政府运用其规划手段、协调职能。

德国重视环保,在很多城市设有交通信息中心,提供搭便车服务。一些城市还规定在特定的区域与时段,只有司机一人的车辆限制行驶,鼓励司机主动搭乘。城市交通对大气污染和综合环境影响很大,严格的规划管理可以产生很可观的环境和经济效益。

阅读材料

兰州城市大气污染及其技术控制措施

1993～2001 年,兰州大学、兰州市环境保护局科研团队在张镭、陈长和教授带领下,对兰州市大气污染及其技术控制措施进行了系统的研究,为兰州市大气污染控制规划的制定提供了科学依据。

1. 兰州市地理环境与大气污染状况

兰州位于青藏高原东北侧的黄河河谷盆地内,盆地呈椭圆形,周围群山环绕,黄河穿城而过,市中心海拔高度 1 520 m,以群山为界,市区东西长约 30 km,南北宽约 6 km。东西两端峡口宽不足 1 km。南山坡度陡峭,峰顶高约 600 m;北山坡度较缓,高度为 200～300 m。盆地内风速小,逆温强,冬季尤甚。据历年气象统计资料显示,兰州年平均风速为 0.18 m/s,年静风频率为 62%;1月份平均风速为 0.3 m/s,静风频率为 81%。

兰州市区大气污染主要有三种类型:① 煤烟型。在冬季,TSP 和 SO_2 浓度都严重超标,TSP 浓度位于世界空气污染严重城市前列。② 光化学烟雾型。兰州西固区是国内首先发现光化学烟雾的地区,O_3 等光化学污染物浓度超标。近年来机动车数量迅速增加,使市区 NO_x 等光化学污染前体物增加。③ 含氟烟气型。主要由铝厂排放,已经对周围人群和生态造成较严重的影响。就影响范围和持续时间来说,煤烟型属首要污染型。特别是在采暖期,污染物排放量增加,扩散条件极为不利,致使烟雾层常常终日不散,厚度达 600 m。

兰州市能源构成以煤为主,燃煤占全部能源的 71%,年耗煤量 38 814 万 t。主要污染物 SO_2 年排放量 5 196 万 t,烟尘 6 154 万 t。兰州市区严重大气污染主要出现在冬季采暖期。据 1986~1995 年监测资料统计,TSP 和 SO_2 浓度每年都有超标,尤以 TSP 严重,TSP 日均值超标率为 75.0%~96.8%,SO_2 日均值超标率为 11.5%~23.8%。在采暖期(主要在一季度)TSP 和 SO_2 浓度最高,其日均值都超标,SO_2 日均值在其他季度不超标,TSP 日均值一年四季都超标。

借助在空间和时间上加密观测的外场试验资料(1989 年 12 月 1 日~15 日,在市区布置了 20 个测点,见图 16.1),分析大气污染的地域分布和时间变化。试验期间,市区 TSP 浓度最大一次值超标 7.5 倍,出现在 14 号测点,最大日均值超标 8.3 倍,出现在 10 号测点,市区 90% 的测点 TSP 日均值超标率达到 100%。SO_2 浓度最大一次值超标 11.9 倍,出现在 10 号测点,最大日均值超标 5.1 倍,出现地点同前,SO_2 日均值除了个别测点未超标外,其他测点都出现超标,特别在居民稠密地区各测点日均值超标率达 100%。从垂直分布看,市区南侧 19 号测点 TSP 日均值 100% 超标,SO_2 日均值 88% 超标,而皋兰山顶则污染较轻。从市区代表性测点浓度日变化来看,TSP 最大值出现在 17:00~19:00,次大值在 11:00 左右;SO_2 最大值在 11:00,次大值在 19:00。

兰州市区各种机动车辆逐年增加,年递增率在 15% 以上。1995 年底约为 8.6 万辆,年耗油 39.97 万 t,排放 CO,HC 和 NO_x 等污染物约 13.16 万 t。由于市区处在闭塞的河谷盆地,常常维持不利于大气污染物扩散的气象条件,同时公路主干道少,车辆拥挤、怠速行驶,机动车辆尾气污染日趋严重。市区空气中 CO 浓度年日均值为 2.40 mg/m³,日均值超标率为 13.8%,最大日均值超标 0.65 倍;NO_x 浓度年日均值为 0.104 mg/m³,最大日均值超标 3.46 倍;C_nH_m 浓度年日均值为 2.89 mg/m³。

2. 兰州市区大气污染治理的可能措施

国内外治理城市大气污染的技术措施主要有发展集中供热、改进燃料结构、利

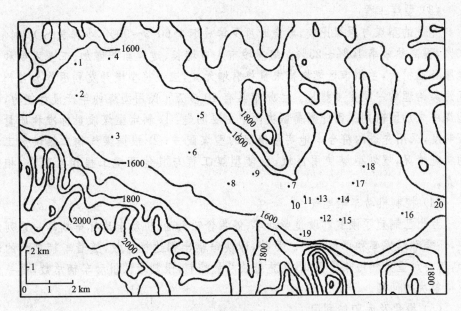

图 16.1 兰州市地形、大气监测点布置

用无污染能源等。通过分析兰州的自然环境、经济技术条件,研究者认为,有效改变能源结构、大幅度减少污染物排放量是兰州大气污染治理的根本途径;目前在市区采用以集中供热、煤气、型煤工程和控制汽车尾气为主要措施,兼顾绿化和太阳能利用,制定大气污染治理方案比较合理(集中供热、煤气、型煤、绿化和太阳能利用五大工程构成兰州市人民政府治理大气污染的"蓝天计划"的主要内容);天然气、电、核能利用和改变地形,改善局地扩散条件可列入中远期环境建设规划。

(1) 集中供热工程

兰州市区集中供热工程主要包括第二热电厂(二热)供热和西固热电厂供热。从规模和作用范围看,二热影响大得多。二热供热工程分两部分:① 热电厂的 2 台 100 MW 发电机组及附属设施,这部分已建成;② 供热能力 348.3 MW 的供热管网,需投资 2.1 亿元,尚未完成。二热计划供热面积为 $5.4×10^6 \text{ m}^2$,可使市中心部分地区和电厂周围实现集中供热。

(2) 煤气工程

兰州煤制气厂一期工程包括三部分:设计能力日产煤气 54 万 m^3 的煤气厂、长度为 34.4 km 的输储结合的长输管线、由长度为 167.8 km 包含 53 座调压站组成的市区管网。输配气总量约 51% 供生活用,19% 供公共福利事业用,28% 供工业用,2% 留作机动。煤气的热值为 13 794~14 212 kJ/m^3。

（3）型煤工程

先进的型煤与原煤比较，燃烧时可少排放烟尘 60%～90%，少排放 SO_2 30%～70%，提高热效率 10%～25%。随着城市人口增长、建筑面积增加、工业发展和饮食服务业扩大，兰州市区燃煤需求量将有增无减，应该将型煤开发利用作为兰州大气污染治理的一项主要措施。兰州市具有 40 多万 t 民用型煤的年产设计能力，但型煤中未加固硫剂。因此尚需解决两个主要问题：① 制定型煤质量标准和质量保证制度，采用先进的符合本地实际情况的型煤配方；② 根据煤气和二热供热工程的实施情况，规划型煤使用区域，以使型煤工程与其他环境工程相互配合、相互补充。

（4）控制机动车辆尾气

兰州已制定了限制和改造柴油车、停售含铅汽油、机动车达标排放等一系列规定，还需继续完善和严格执行。另外，即使每辆车都达标排放，随着车辆总数的增加，仍会加重大气污染。因此，实施排放总量控制，限制市区机动车辆总数，是一个亟待解决的问题。

（5）绿化及太阳能利用

近年来，兰州城市绿化覆盖率和人均公共绿地面积不断增加，但在国内大城市中仍属落后。兰州市区 TSP 成分中风沙土尘所占比例较大，年平均 37.8%～48.2%，冬季约 41.3%。说明其 TSP 很大一部分来自天然源。兰州年平均日照2 434 h，具有较好的利用太阳能的自然条件、原材料和建造太阳能住房、温室、热水器方面的技术和经验。因此大力植树种草、扩大利用太阳能是市区环境建设的重要工作。

（6）中远期规划应考虑的问题

① 对位于市区范围内的两个热电厂应增设脱硫装置。对处在市区内上风向的钢厂应考虑将其迁出或转产。② 市区大气污染的形成与其小风、静风条件密切相关。兰州风向以东风为主，但由于东部地区地形阻塞，峡口宽不足 1 km，使盆地内风速显著减小。为使东风能较通畅地进入市区，增强扩散能力，可以有计划地将东部峡口拓宽。工程费用由开发出的土地价值来补偿。研究表明，将东部峡口拓宽到 4 km 后，近地面风速增大，空气污染减轻。这样既可以改善市区通风条件，减轻大气污染，又开发出大片有用土地，可进行绿化、建设住宅区、旅游景点之类无污染项目，获得良好的综合效益。③ 兰州附近有丰富的水电、火电和天然气等自然资源，可考虑发展电力，在市区扩大电供暖、电炊的使用；采用部分天然气补充市区生活、生产燃用，取代燃煤（油）；为减少污染物排放，也可考虑采用低温核供热。

该课题组对上述可能采用的大气污染治理方案的环境效益和投资成本进行了系统的定量研究，为兰州市大气污染控制规划的制定提供了科学依据。

16.3.2　科学布局,合理利用大气容量

（1）利用容量的季节变化进行时间布局

我国大部分地区处于东亚季风区,大气和其他环境容量的时空分异规律明显,控制措施一般根据不利扩散条件确定,可以保证环境质量,但没有充分利用环境容量。大气环境容量的季节变动性和生产过程的连续、稳定性有一定的矛盾。但在重污染地区,可以调整生产周期,在不利季节对一些重污染企业进行限产、改产、停产措施,安排季节性生产计划,避免污染的时间拥挤效应。怎样利用大气容量资源的季节变化特点,是大气污染控制规划研究的重要课题。

（2）大分散、小集中

避免空间拥挤效应,有利于自然稀释,利用自然容量。大气容量资源是可更新资源,不超过承载力,不会造成危害。大分散、小集中有利于发挥规模效益和产业链综合利用、集中处理。淄博是山东省的重工业基地,石化、电力、铝业、农药、煤炭、陶瓷业集中,排污重,集中布局可能致害。为此,将 2 900 km² 作整体规划,按资源分布,交通协作,用水用地条件,沿交通线布置了 10 余个葡萄串状的城镇工业点,每个几万到几十万人,相距 10~20 km,有效防止了污染。泰安、承德等地也采用这种方法取得同样的效果。

大城市如片面强调依托老厂和基础设施,节省投资,摊大饼式的发展,可能造成环境问题。应控制城市规模,建卫星城,带状、网状组团式结构,可以避免污染。

（3）确定合理的功能分区和隔离带

一般来说,工业区(除少数精密加工业)污染重,也不怕污染;居民区排污相对少,怕污染;仓储区不产污也不怕污染;绿地不产污,对污染有一定的吸收、阻滞作用。仓储区和绿地可用作防护带。在规划布局中要考虑不同用地的特点,留有一定的间隔,互不干扰,各得其所。避免不分功能的混杂现象。如一厂一片,居民区和工业区插花布置,则有可能使居民区常年处于污染大气环境中。

（4）工业集中城市一般布局原则

规模小,无污染企业有组织地布置在城区,可减少交通量;用地多,轻度污染企业,可布置在城边和近郊;严重污染,一时难以治理的大企业(如钢铁、冶金、火电、电石、水泥等)应远离生活区或单独社区。

（5）工业区内部注意企业间的相生相克关系

钢铁企业的高炉煤气可供给化肥厂综合利用,电厂粉煤灰和脱硫石膏做建材,形成生态链,化害为利,为相生关系;氮肥厂和炼油厂产生的污染物可形成光化学烟雾,为相克关系。

（6）考虑到气象因素的城镇布局原则

盛行风原则：主要考虑风向的作用，基本出发点是一年中某一风频越高，生活区受上风向区域污染越大，故上风向不宜布置污染源；以风向玫瑰图为分析工具；还发展出主导风原则、最小风频原则、基本风原则。

主导风原则：开始于 20 世纪初的欧洲，在一战后城市重建中发挥了重要作用，适用于欧洲的情况（盛行西风带，许多城市西风频率达到 40%～50%），从前苏联传入我国，得到执行。如兰州主导风向为东，由西向东依次为石油化工、机械、行政、文教的格局。如某一方向风频突出地大于其他方向，可作垂直于主导风向的直线，将城市分为迎风部分和背风部分，迎风部分不宜布置重污染源。图 16.2 所示为北京、天津、杭州主导风向的年度变化规律。

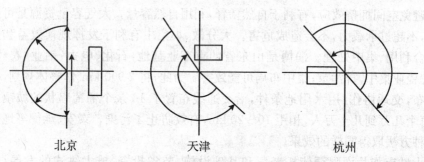

北京　　　　　　　天津　　　　　　　杭州

图 16.2　北京、天津、杭州主导风向的年变化规律

我国处于东亚季风区，冬季受蒙古高压控制，多北风；夏季受副热带高压控制，多南风，大多数城市有两个方向相反、频率相当的盛行风，使主导风向原则失效。如广州、开封等城市，冬季北风，夏季南风，南北风直接交替；北京、天津、杭州等城市从夏季到冬季南北风逐步过渡。1970 年以后，专家建议以盛行风概念代替主导风概念，提出最小风频原则，即将污染源布置在最小风频的上风向。根据盛行风向的城市布局典型图式如图 16.3 所示。

基本风原则：风向不定，风频相当（10%），以上原则难以处理，在风玫瑰图上，以风频为模长，以风的反方向为方向，画 16 个风矢量，其矢量和即为基本风，污染源宜布置在基本风下风方向。

污染风原则：由扩散模式知，污染程度由风向、风速、大气稳定度、降水等决定，只考虑风向能保证居住区处于清洁状态的时间最多，不能保证受较重污染的时间最少。因此，可以通过污染系数（f_i/u_i）考虑风向和风速的联合作用。下风向平均浓度近似与污染系数相关，可以通过污染系数玫瑰图，按三种盛行风原则布置。

风象频率原则：根据多年资料作风象图，画等值线，出现风速小、风频高的区域，对应污染风。

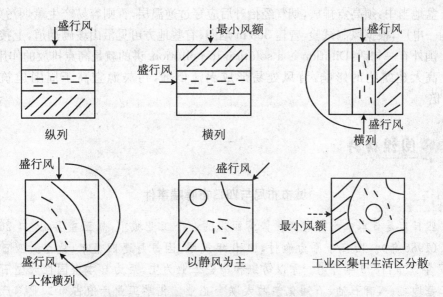

图 16.3　根据盛行风向的城市布局典型图式

风向、风速、稳定度、降水联合频率法：风频高、风速小、稳定度强、降水少的风向下游污染重。

以上原则只考虑气象因素，不考虑已有源分布和浓度分布，适合新区规划，已有城区可采用多源模式，分析确定新源的合理位置。

（7）地形地物的影响

沿海（水）地区的布局：受海（水）陆风的影响，容易产生严重的空气污染。日本四日市污染事件就是这方面的典型例子（见图 16.4 和阅读材料）。

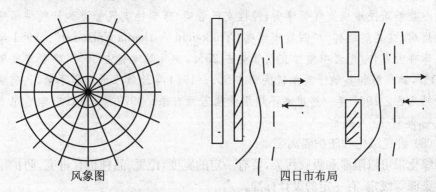

图 16.4　风象图与四日市城市布局

河谷丘陵地带：要避免山谷风的影响，宜考虑盛行风向，沿河谷布局在同一阶地上。

盆地当中：须高点排放，烟气经抬升后应穿过逆温层，否则容易产生薰烟污染。美国一电厂，根据风洞试验，曾建 368 m 烟囱；有些地方可见沿山坡砌烟道，上接烟囱。国外有一句话：Dilution is a solution to pollution. 讲的就是高点排放的作用。

高大建筑物的影响：背风处易形成涡流倒灌，污染源宜高于周围建筑物 2.5 倍。

阅读材料

城市布局与四日市哮喘事件

四日市是日本本州中南部伊势湾西岸的一个工业城市，属三重县，人口 26.3 万人(1986 年)。四日市原为渔村，1470 年筑城，因每月逢四集市，故名。四日市 1897 年设市，1899 年开港。原以纺织和陶瓷工业为主，后为日本全国性大型石油化工基地之一，有石油、石油化学两大联合企业。化学工业产值占市工业总产值 48%(1983 年)，还有食品、机械、纺织、陶瓷等。郊区有茶、桑、蔬菜和温室园艺。商业与海陆运输业发达，是中京工业地带的一环。

该市自 1955 年以来，相继兴建了三座石油化工联合企业，在其周围又有三菱石化等十余个大厂和一百余个中小企业。石油冶炼和工业燃油产生的废气，严重污染了城市空气，全市工厂年排出 SO_2 和粉尘总量达 13 万 t，大气中 SO_2 浓度超出容许标准的 5～6 倍。在四日市上空 500 m 厚的烟雾中还漂浮着许多种毒气和有毒金属粉尘。重金属微粒与 SO_2 形成硫酸烟雾。四日市沿海岸带密集布置污染企业(见图 16.4)，城市布局不够合理，每天转换的海陆风加重了大气污染的程度。大气污染给居民造成支气管哮喘、慢性支气管炎、哮喘性支气管炎和肺气肿等呼吸系统疾病，这些病统称为"四日市哮喘(Yokkaichi Asthama Episode)"。1961 年四日市哮喘大发作，患者中慢性支气管炎占 25%，支气管哮喘占 30%，哮喘支气管炎占 40%，肺气肿和其他呼吸系统疾病占 5%。1964 年连续三天烟雾不散，气喘病患者开始死亡。1967 年一些患者不堪忍受痛苦而自杀。1972 年，四日市哮喘患者达 817 人，超过 10 人死亡。

(8) 设置绿化和防护隔离带

绿化带可以阻滞和吸收污染，要有一定的宽度，位置、品种也有讲究，防护距离由污染源等级定，有一定的设计标准。

强污染带一般位于下风向有效源高的 10～20 倍处，在此植树最有效，宜种植高大、浓密、耐污强的树种。

重污染、有有毒气体排放的工厂，厂区宜植草皮和低矮灌木，以防止产生局部

强污染累积毒害。

居住地比较低时,周围或风口不宜密植高大林木。

用地比较紧张的地区,隔离带可植自身抗性强、保证不减产、可食部分累积作用低的耐污作物,布置无害工厂、仓库等。

需要特别保护的地区,选择树种时应考虑植物花粉、飘絮的影响。

上海金山石化区的城市布局

金山地处上海西南,南濒杭州湾,北连松江、青浦两区,东邻奉贤区,西与浙江省平湖、嘉善接壤。全区陆地总面积 611 km²,常住人口 73 万,辖 9 镇 1 街道及金山工业区,全区绿化覆盖率 37％以上,23.3 km 的金山城市沙滩滩坡和缓、平沙白浪,形成山水相映的 AAAA 景区,枫泾古镇、中国农民画村、东林寺和廊下现代农业基地,亦使金山成为上海周边有重要影响力的旅游目的地。随着杭州湾跨海大桥的通车,金山在上海南翼辐射长三角的"桥头堡"区位优势将进一步凸显。

金山区拥有丰富的土地、海岸线资源以及建深水港的天然条件,构成了其得天独厚的地理优势、环境优势和经济辐射优势。中国著名的特大型企业——中国石化上海石油化工股份有限公司和上海化学工业区一部分坐落其中。金山石化区是 1970 年按规划兴建的郊区小城镇。功能分区合理,布局紧凑,工业区、居住区摆布考虑了盛行风的影响,保留了足够的防护林带,投产后居住区环境空气质量基本达标,保持了良好的环境质量。其城市布局如图 16.5 所示。

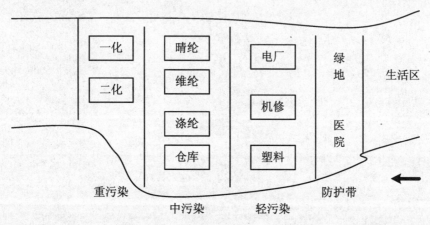

图 16.5　上海金山石化区的城市布局

复习思考题

1. 简述大气污染控制规划模型：K 值法、P 值法与总量控制方法。
2. 简述比例缩减模型、大气污染物迁移模型。
3. 简述大气污染控制规划措施。
4. 怎样从布局上预防大气污染,合理利用大气容量?
5. 简述考虑气象因素的城镇布局原则与方法。

 参考文献

[1] 朱发庆. 环境规划[M]. 武汉:武汉大学出版社,1995.

[2] 郭怀成. 环境规划学[M]. 北京:高等教育出版社,2002.

[3] 郝吉明. 大气污染控制工程[M]. 3 版. 北京:高等教育出版社,2010.

[4] 张镭,陈长和,田良,等. 兰州市区大气污染及其治理的研究[J]. 兰州大学学报:自然科学版,1994(1):137-141.

[5] 张镭,陈长和,李淑霞,等. 兰州城市主要大气污染治理方案和环境效益[J]. 环境科学学报,2001(2):248-250.

17 水污染控制规划

水污染控制规划的主要任务是,以技术经济许可为前提,既充分利用水环境自净能力,又达到有效保护水环境的目的。为此,要做到三点:

① 用水污染扩散模型研究水污染物的时空分布和自净规律;

② 用水污染控制规划模型合理分配各污染源的污染负荷;

③ 将上述定量结果落实为具体的管理、规划和治理方案。

17.1 水污染扩散迁移转化规律

在湖泊和海洋中,用模型研究污染物的扩散、衰减过程,考虑水流和潮汐的作用,水体的自净作用等。

河流的水质模拟研究较多,主要考虑三种作用:扩散(包括分子扩散和湍流扩散)、平流推移、非持久性污染物的时间衰减。具体的模型包括适用于窄、急河流或小流量、长距离的一维模型(完全混和模型),适用于宽阔、流速较缓河流的二维模型(认为垂直方向均匀),以及考虑不同水深的三维模型。

用这些模型可以研究污染物的扩散范围、完全混合距离、污染带等。

17.2 水污染控制规划模型

水污染控制规划包括整个流域水资源开发、利用、污染控制的综合规划,包括小流域(城市、工业区)污水处理系统,也包括具体污水处理设施的规划、设计和运行。在此,主要考虑中间尺度的水污染控制系统,即将污水排放口、污水处理厂、输送管线、接纳水体作为系统的组成章,不考虑污染源内部的治理和工艺改革。该系统的输入为污染源的水量、水质和河流上游的水量、水质,输出包括下游各断面的水量、水质。规划的目的就是协调这些量之间的关系,合理利用自净能力,在水质达标的约束下,使削减量、基建费或总费用最小。因此,这是一个系统最优化问题或者称规划方案的模拟优化问题。

17.2.1 排污口最优化处理(水质规划问题)

解决的问题:以区域内现有的污水处理厂 $i=1,2,\cdots,n$ 为基础,假定各污水厂规模 Q_i 不变,通过调整各处理厂的处理效率 η_i,使水体达标,同时整个区域的污水处理费最少。这个模型早期称为水质规划问题,如图 17.1 所示。纳污水体主要考虑河流,研究比较早,求解方法最成熟。

图 17.1 排污口最优化处理(水质规划问题)

n 个排放口(处理厂),$n+1$ 个断面:

总处理费最小:$\min Z = \sum_{i=1}^{n} f_i(\eta_i) = \sum_{i=1}^{n} (k_{1i} + k_{2i}\eta_i^k)$

水质约束:$\boldsymbol{UL} + \boldsymbol{M} \leqslant \boldsymbol{L}^0$

排放量非负约束:$\boldsymbol{L} \geqslant \boldsymbol{0}$

处理效率约束:$\eta_i^1 \leqslant \eta_i \leqslant \eta_i^2$

其中:

$\boldsymbol{M} = \begin{bmatrix} m_{01} & m_{02} & \cdots & m_{0n} \end{bmatrix}^{\mathrm{T}}, \quad \boldsymbol{L}^0 = \begin{bmatrix} l_1^0 & l_2^0 & \cdots & l_n^0 \end{bmatrix}^{\mathrm{T}}, \quad \boldsymbol{L} = \begin{bmatrix} l_1 & l_2 & \cdots & l_n \end{bmatrix}^{\mathrm{T}}$

单位源强对下游断面的影响系数矩阵:

$$U = \begin{bmatrix} u_{11} & \cdots & u_{n1} \\ \vdots & & \vdots \\ u_{1n} & \cdots & u_{m} \end{bmatrix}$$

17.2.2 最优化均匀处理(厂群规划问题)

解决的问题:假定污水处理效率固定,寻求最佳的污水处理厂位置和规模,使全区总费用(处理费加输送费)最低。这个问题的实际背景是发达国家法律规定所有排入水体的污水都需要经过二级处理,即使水体有自净能力,也不允许降低污水的处理程度。

总费用最小:$\min Z = \sum_{i=1}^{n} f_i(Q_i) + \sum_{i=1}^{n} \sum_{j=1}^{n} f_{ij}(Q_{ij})$

水量平衡约束：$q_i + \sum\limits_{j=1}^{n} Q_{ji} - \sum\limits_{j=1}^{n} Q_{ij} - Q_i = 0$

规划变量的非负约束：$Q_i, q_i \geqslant 0$

$$Q_{ij}, Q_{ji} \geqslant 0$$

处理费和输送费的一般形式：$f_i = k_1 Q_i^{k_2} + k_3 Q_i^{k_2} \eta_i^{k_4}$，$F_{ij} = k_5 Q_{ij}^{k_6}$。

通过数学分析表明，污水处理费只能在各厂"全处理/全不处理"时才能达到最小，即对各厂或全部就地处理或全部送走。这样就缩小了求解空间，有可能用枚举法列出所有组合方案，直接计算目标函数值比较确定。如采取合并处理，可发挥处理厂的规模效益，减少处理费，但输送费用比较高；分别处理后排放，不能发挥处理厂的规模效益，但可以节省输送费用。距离远时，分别处理比较好；近时比较复杂，需比较确定。

例题：如图 17.2 所示。

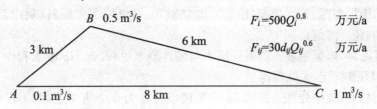

B　0.5 m³/s　　　　$F_i = 500 Q_i^{0.8}$　　万元/a

3 km　　　6 km　　　　$F_{ij} = 30 d_{ij} Q_{ij}^{0.6}$　　万元/a

A　0.1 m³/s　　8 km　　　　C　1 m³/s

图 17.2　最优化均匀处理（厂群规划问题）

最优方案：A 向 B 输送，在 B, C 处设厂。

17.2.3　区域最优化处理

解决的问题：前两种的综合。为使区域总费用最小，既考虑污水厂最佳位置和规模，又考虑各厂的处理效率 η_i。

这比前两者更复杂，没有成熟的解法。

总费用最小：$\min Z = \sum\limits_{i=1}^{n} f_i(Q_i, \eta_i) + \sum\limits_{i=1}^{n} \sum\limits_{j=1}^{n} f_{ij}(Q_{ij})$

水质约束：$\boldsymbol{UL} + \boldsymbol{M} \leqslant \boldsymbol{L}^0$

水平衡约束：$q_i + \sum\limits_{j=1}^{n} Q_{ji} - \sum\limits_{j=1}^{n} Q_{ij} - Q_i = 0$

排放量非负约束（Q_i, η_i 的函数）：$\boldsymbol{L} \geqslant \boldsymbol{0}$

非负约束：$Q_i, q_i \geqslant 0$

$$Q_{ij}, Q_{ji} \geqslant 0$$

处理效率约束：$\eta_i^1 \leqslant \eta_i \leqslant \eta_i^2$

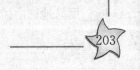

17.3　水污染控制规划措施

17.3.1　废水污染物的减量化与综合利用

（1）提高水资源重复利用率

将直流用水变为循环用水,减少排污,如电厂冲灰水的循环使用。

多级串联使用,在污水浓度不高时,适当处理后用于要求不高的工序,如钢厂冷却水—电厂冷却水—洗煤厂用水。

污染物浓度较高时,回收其中的有用物质,封闭循环,补充蒸发渗漏量。

（2）原料—废液回收利用

如印染厂布匹、纱线处理（用高浓度烧碱）—造纸厂蒸煮原料（利用淡碱）—黑液（用作制药厂溶剂）。

合流降毒,以废制废。如碱性废水与酸性废水中和,含 Hg 废水和含 S 废水混合,生成 HgS 沉淀,去除降毒。

性质相似,集中处理。邯郸 36 个电镀点合并为 9 个集中处理,不仅使废水中的氰、铬得到有效处理,也节省了经费。

（3）降低单位产品水耗

炼焦厂采用氮气干法熄焦替代水熄焦,钢铁、火电企业以空气冷却代替水冷却,印染业采用无水转移印花,干法造纸等。

加强管理,减少跑冒滴漏和浪费。节水需要增加设备投资,但可能减少供水设备投资,减少排水、水处理的费用。

17.3.2　合理选择排污口,充分利用水体自然容量

根据当地水环境资源的特点,确定合理的产业发展方向与规模,使排放量与环境容量相适应。大分散、小集中,水污染重的工业布局在流量大的河流取水口下游。

根据扩散稀释能力和水体功能的季节特点,确定不同的排污量,枯水期减产或限产,或加大处理力度,或采用污水库暂存,丰水期排放,或利用水利工程的调节能力,增流冲污。

处理好取水、用水、排水的关系,不能在地下水、地表水水源地上游建厂或建排污口;已有的城市水源地要设置足够的防护距离;可能造成水污染的矿山,可以采用易地选冶措施等。济南因为超量取地下水,景观泉水停涌,被迫回灌,如统一规

划,可避免回灌或减少回灌量。一些沿河城市中,企业就近取排水,取水口和排放口频繁交叉,互相影响,应减少取水口,合并排放口。

　　排污口的合理选址示例如图 17.3 所示。

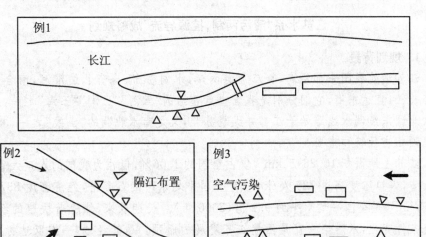

图 17.3　排污口的合理选址

　　兰州市地处黄河谷地,黄河由西向东穿城而过,因主导风向关系将主要工业区——西固石化工业区,设置在城市西部——黄河上游地区。为减少石化工业废水和生活污水对兰州城区环境的影响,西固工业区工业废水和城市生活污水集中收集处理后,沿东西向建设 40 km 污水干管,引到主城区下游排放。长沙建设沿湘江的污水截流工程,在下游集中处理,保护了湘江水质。

　　设置水源地保护区。官厅、密云水库作为北京市的水源地,制定了严格的保护规划,在上游流域划定了一、二、三级保护区,确定了主要污染物的分配量,实行总量控制,限制严重水污染行业的发展。

　　合理利用和提高水体自净能力。小型湖泊需要引水稀释,强制循环。可以建设生态工程,利用植物、藻类、动物去除营养物质。

17.3.3　加强区域水环境的科学管理和战略规划研究

　　我国总体上是一个水资源不足,水污染严重,水资源区域分配不平衡的国家。有些地区水资源瓶颈、水环境污染形势十分严峻。对于某一省区或大的自然区域,有必要对其用水、排水以及水资源利用,制定全面的战略规划。南京大学左玉辉教授主持的江苏省水系"清污两制,控源导流"战略规划,为我们提供了一个区域水污染控制规划的成功范例。

阅读材料

江苏水系"清污两制,控源导流"战略规划

1. 规划背景

江苏地处我国东部沿海,长江下游两岸,水网密布,全省北纳淮河,南含太湖,中跨长江,直达东海,它们分别是我国重点整治的"三河""三湖""三海"之一,此外,南水北调东线调水线路始于江都并纵贯苏北,又是南水北调的"三线"之一,其水系在我国相当独特和重要。

江苏土地面积 10.26 万 km^2,仅占全国的 1.06%,但作为我国的人口大省和经济大省,人口密度高达 725 人/km^2,是全国平均水平的 5.5 倍,经济密度 837 万元 GDP/km^2,是全国平均水平的 9.1 倍(2000 年)。长期以来,伴随着快速的经济及社会条件变化,水污染一直是困扰江苏发展的瓶颈。尽管经过"一控双达标"等工作的长期努力,目前全省废水排放密度仍高达 3.4 万 t/km^2,是全国平均水平的 7.9 倍;废水排放量与该地水资源量的比值达 1:9.4,是全国平均水平的 7.2 倍;废水中化学需氧量排放密度 6.4 t/km^2,是全国平均水平的 4.3 倍;化学需氧量与该地水资源量的比值高达 20.0 mg/L,是全国平均水平的 3.9 倍。受该地居高难下的水污染负荷以及上游水污染的影响,近 20 年来江苏水系污染问题一直非常突出。自 20 世纪 90 年代初开始,淮河污染事故频发,令世人关注;太湖水质从 20 世纪 80 年代的整体Ⅱ类,90 年代初的Ⅲ类下降到 90 年代末的Ⅳ类,环湖主要河流及湖湾水体污染则更加严重;长江中泓目前已不能稳定保持Ⅱ类水质,部分江段水质降至Ⅲ~Ⅳ类;75% 的城市河流水质劣于Ⅴ类标准;主要城镇供水、工农业用水面临危机,南水北调水质受到威胁。江苏省水污染治理任务十分复杂而艰巨。

2. "清污两制,控源导流"战略的基本思路

从 1993 年开始,南京大学左玉辉教授带领科研团队进行全省水污染控制规划研究。左玉辉教授认为,清污不分、就地排放是水系污染的直接原因,而长期以来治污思想囿于"原地控源",则是江苏水污染治理陷入僵局的主要原因。经过探索,他们逐步形成了"清污两制,控源导流"战略的基本思路。

"控源"是指对城镇污水、工业废水、农业面源与河湖内源(底泥、养殖、船舶污染)4 类污染源的控制,重点是工业废水和城镇污水,主要措施包括合理布局、清洁生产、点源治理达标及城市污水处理厂处理。控源是治本,但不可能一步到位,处理达标后的尾水仍然是污水,其污染物浓度可能比地表水标准高几倍或一个数量级。而且分散的点源控制在技术支持、经济支撑、管理保障上均存在困难,寄希望于点源达标,难以实现区域水环境的长治久安。

"导流"即科学引导区域尾水(虽经处理但尚未达到环境标准的城镇生活污水及工业废水)流向,截断清水水域的污染来源,将尾水调离敏感水域,易地进行深度处理。由于尾水具有浓度较低、成分复杂、水量较大的特点,考虑到技术与经济因素,污水生态工程是江苏区域尾水深度处理与资源化的主要途径。

"清污两制"则是指在"控源导流"过程中,清污分开,形成清污两个独立系统,实行两个不同的管理体制。绝大多数具有饮、渔、景、工、农用水功能的敏感水域,执行清水制,污水禁排清水水域,其中尤以饮用水水源地(所有的供水河道与湖库)为保护的重点。利用少数仅有行洪功能的河滩以及海涂、荒地、岗地等次敏感地域,作为尾水输送专道及集中处理场所,执行污水制。

"控源导流、清污两制"的思路,表现在江苏区域水污染控制工程上即是突出一个"导"字:加强"治污水",通过"导尾水",实现"送清水"(如引江济太,将死水变活),以迅速缓解城乡供水危机,为逐步实现全省水环境的长治久安创造条件。

随着社会经济的快速发展,江苏水污染负荷正在实现三个集中:工业废水向工业小区集中(缘于工业企业向工业小区的集中)、生活污水向城镇集中(缘于人口向城镇的集中)、城镇污废水向污水处理厂集中(缘于污废水处理方式的集中),这也为借助"导流"手段实现对区域污水"从摇篮到摇篮"的控制,提供了有利条件。

"控源导流、清污两制"充分考虑到水污染控制的实际,允许区域污水治理分步达标,在污水处理厂完全普及、工业点源全面稳定达标以前,尾水生态工程承担二、三两级双重处理的任务,在污水处理厂普及、工业点源全面达标之后,尾水生态工程承受的污染负荷将明显下降,只需完成尾水的三级深度处理。

3."控源导流、清污两制"的总体方案

基于以上思路,江苏水污染控制正有序推进。首先,"控源"工作稳步开展,江苏三大流域的工业污染源达标排放已分别于1997年底(淮河流域)、1998年底(太湖流域)和1999年6月(长江流域)得以实现,各县(市)污水处理厂也已纳入各级政府的建设计划。第二,"导流"取得重要进展,江苏尾水调度处理总体方案确定的集中控制工程分三级建设与管理,其中省级工程3项、市级工程5项、县级工程22项,3项省级骨干工程分别是北线控制工程、中线控制工程和南线战略方案(图17.4)。

(1)北线控制工程——新沂河污水资源化生态工程

该工程的主要内容是:将新沂河南北两个偏泓分开,南偏泓走清水,以北偏泓为主体全线贯通一条污水专线(利用新沂河广阔的滩面作隔离),通过三个污水地涵穿越三条供水河流以实现清污立交,保障淮沭新河、叮当河、盐河的水质安全。以污水专线为依托,自塔山闸以下,有五道涵闸对北偏泓污水起调控作用,五处涵

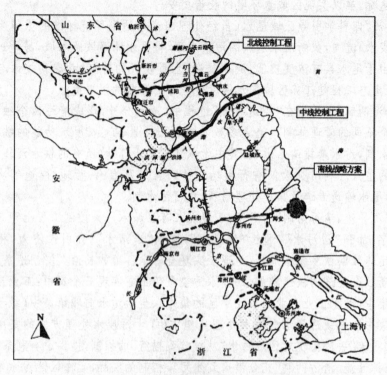

图 17.4　江苏尾水三线控制方案示意图

闸将全长 159 km 的污水专道分隔成形式狭长的五级串联河道稳定塘,实现对污水的调蓄和净化处理,出水经新沂河挡潮闸外排黄海。

北线工程不但使新沂河上游污水与清水分流并得到有效处理,而且在加强上游污水预处理,并利用新沂河沭阳段沙质河滩地修建土地处理系统以强化污水净化效率的基础上,还有分步延伸接纳沭阳、灌云、灌南三县城区、宿迁市区、徐州市区尾水进行集中二、三级处理的容量和潜力,这对优化区域水环境功能,截断宿迁、徐州污水进入京杭运河,保护南水北调水质,将起到重要作用。

(2) 中线控制工程——淮河入海水道南泓污水资源化生态工程

它以淮河入海水道南偏泓为依托构筑,接纳淮安市区(含淮阴区、清浦区、清河区、楚州区)以及洪泽、阜宁、滨海三县城镇尾水,集中完成二、三级处理,最终出水由扁担港进入黄海。淮河入海水道是经国务院批准建设的江苏水利史上规模最大、单项投资最多的大型水利工程,其目的是解决洪泽湖洪水出路不足、增强洪泽湖泄洪能力、提高淮河下游地区的防洪标准。入海水道西起洪泽湖,紧靠苏北灌溉总渠北侧,向东北流经洪泽、淮安、阜宁、滨海四个市县,终入黄海,全长 163.5 km。入海水道滩面宽阔,全程堤间距(外堤脚距,含弃土区)750 m,在绝大多数非行洪期里,按照"北偏泓排涝、南偏泓排污"的设计方案,仅有平行布置的南、北两偏泓有水通过。南偏泓集中接纳沿线城镇污水,通过污水地涵穿越京杭运河、通榆运河这两条重要的输水河流,实现清污立交、全线贯通,南北两翼分别保持 200 m 和 600 m 的河滩隔离带。

通过对沿线城镇污水(尾水)的有效疏导和处理,中线工程将有效改善当地水环境质量,并为南水北调输水线路——京杭大运河在淮安境内、苏北重要的输水河流——通榆运河在盐城北部境内的水质安全,提供可靠保证。

(3) 南线战略方案——重点是针对苏南太湖流域(无锡、常州、苏州)以及苏中地区(南京、扬州、泰州、南通)尾水进行调度处理

苏南地区特别是太湖流域尾水的出路,大体有三种选择:

① 尾水就地消化,是在工业污染源达标排放的基础上,城镇污废水经城市污水二级处理厂集中处理后,就近排入河网。由于江苏河网具有流量低、流速慢、流向顺逆不定的特点,环境容量很小,而且常规的污废水处理技术对总氮、总磷以及微量有毒有机物(苏中、苏南化学工业占全国 1/5)去除效率较低,因此必须考虑进行区域尾水的深度处理。国内外的研究表明,人工深度处理的基建和运行费用远比生态工程高昂,但生态工程需要占用较多的土地并要求与周边居民实现较好的隔离,在苏中特别是苏南太湖流域这样城镇稠密、用地紧张的地区进行尾水就地处理在选址与征地上,存在极大困难。

② 尾水排江,是将沿江城镇尾水通过尾水干管(渠)集中排入环境容量较大的长江。这一方案面临的困难在于:它将增加注入长江的污染负荷,可能加剧已经日益频发的东海赤潮,因此,也不可行。

③ 尾水海涂生态工程。江苏拥有 6 500 km² 的黄海海涂,位于东台、海安之东的辐射沙洲则是其最宽阔的部分,面积达 1 100 km²,是资源型缺水地区,而且江苏黄海海域泥沙含量甚高,藻类生长所需阳光受到抑制,属赤潮不易发生的海域。因此,可以辐射沙洲为主要基地建设超大型连片苇田污水生态工程,实现尾水低成本的处理,并就近制浆造纸,出水排入黄海或资源化再利用。

基于以上认识,课题组形成了主要由辐射沙洲尾水生态工程、尾水导流系统、污水控源系统三部分组成的南线战略方案。其预期效益为:形成独立系统,对污水进行全过程控制,截断污水与清水环境及人类食物链的联系;保护太湖及长江下游江苏片区的水质安全,大幅度削减进入上海水域以至东海的污染负荷;基于南线方案大规模集流、资源化运营的特点,在适当的政策引导下,可建立起这一"尾水高速公路"的筹资、收费、运行与管理机制,实现良好的产业化运营;南线方案的承载能力可以调控,以适应江苏特别是苏南太湖流域这样一个人口密度高、经济强度大的城市群地区未来不同时期社会经济发展的需要。

4. "控源导流、清污两制"战略的启示和意义

据有关研究,21世纪中叶(2030～2040年)我国人口总量预计将达到15亿～16亿顶峰,城市化率将由目前的36%提高到约75%,城镇人口将由目前的4.6亿增长到11亿～12亿,相当于目前欧洲、北美洲的人口总和,加上我国目前总体仅处在工业化中期,城镇生活污水及工业废水的发生负荷将继续保持增长势头,另一方面,我国江河湖海的污染业已严重。因此,努力实现污水廉价、高效的治理,将是一项长期而艰巨的重任。

尾水不等于清水,常规指标达标并不等于污染消除,而且在现实条件下,各地污废水很难真正稳定达标。因此,从水环境长治久安的角度而言,以"环境容量"为理由在清水环境中寻找区域尾水出路,值得商榷。

实践表明,由于经济、技术及管理上的原因,仅仅依靠分散的点源治理,难以实现水环境变清,可考虑在扎实控源的基础上,从大区域或流域的视角出发,依靠区域集成的若干控制骨干工程,实现尾水污染负荷的调度、调蓄与净化处理。

二级甚至三级污水处理厂的建设是需要的,但应充分考虑基建特别是运行中的经济承受能力。根据各地的自然地理条件,应加强河道稳定塘、滩涂或海涂等尾水(污水)生态工程的研究和实践应用,以廉价、高效地实现污水的二级处理和深度处理。

从以上分析,"控源导流、清污两制"战略不仅解决了江苏的水污染控制问题,对全国的水污染控制亦具有借鉴意义。

复习思考题

1. 简述废水排污口最优化处理模型。
2. 简述废水最优化均匀处理模型。
3. 简述区域最优化处理模型。
4. 简述水污染控制的主要规划措施。

参考文献

[1] 朱发庆. 环境规划[M]. 武汉:武汉大学出版社,1995.

[2] 左玉辉. 环境学[M]. 北京:高等教育出版社, 2002:144-145, 334-337.

[3] 唐亮,冯琳,左玉辉. 江苏省水污染控制方案及其启示[J]. 环境科学研究,2003 (3):18-23.

18　固体废物管理规划

　　固体废物管理规划以资源最大化、处置费用最小化为目标,对固体废物管理中的各个环节、层次进行整合调节和优化设计,进而筛选出切实可行的规划方案,以使整个固体废物管理系统良性运转。固体废物管理规划是一个过程性、系统性规划,通过固体废物预测及可行处理技术分析,选择适宜的规划目标,制定达到目标的管理和技术措施,并为这些措施配套可行实施方案。它面向废物产生至最终处置的"摇篮到坟墓"全过程,要求对所有策略及方案予以全面考虑。

　　固体废物管理规划可分为两个层次:一是政策管理规划,如固体废物产业发展规划、处理及处置技术发展规划,侧重于法律规定与技术规范层面的管理要求;二是工程技术方案,是关于固体废物管理规划的各个环节具体运行的要求,如收集线路的设计、处理处置方式的选择、填埋地址的确定等。一般的固体废物管理规划均强调对工程技术方案的规划。

　　从实践上看,固体废物管理规划是项目建设和管理的基本依据,是一段时期内有关固体废物处理行动的指南,是确保其减量化、资源化、无害化处理的基础,是提高固体废物管理水平和环境卫生水平的重要手段。规划制定中,应遵循可持续发展战略和循环经济理论,按照源头控制、综合利用、妥善处理处置三个层次,实现废物的综合管理,提高资源利用率,培育和发展废物再生利用产业,为实现经济、社会和环境的协调发展提供有力的支撑。

18.1　固体废物管理规划的指导思想、基本原则与主要内容

18.1.1　指导思想

　　(1) 全面落实"三化"

　　"三化"即固体废物的减量化、资源化、无害化。"减量化"指减少固体废物产生量和排放量,即"源削减",包括减少固体废物数量、体积、种类,降低危险废物中有害成分的浓度,减轻或清除其危险特性等。"资源化"指采取管理和工艺措施,回收

211

物质和能源,加速物质和能量的循环与代谢,创造经济价值。"无害化"指对已产生又无法或暂时尚不能综合利用的固体废物,经过物理、化学或生物方法,进行对环境无害或低危害的安全处理、处置,达到废物消毒、解毒或稳定化,以减少危害。

（2）实施全过程管理

全过程管理是实现固体废物"三化"的基本要求,指对固体废物的产生、收集、运输、利用、储存、处理和处置的全过程及各个环节实行有效的控制与管理,开展污染防治与科学处置。

（3）加强分类管理

固体废物类型多样,包括生活垃圾、工业固体废物、危险废物等,对环境的作用方式与危害程度各不相同,应根据不同危险特性和危害程度,区别对待和重点管理。

（4）贯彻循环经济理念

完善固体废物循环再生与综合利用链网建设,尤其注重系统中分解者、再生者的建设,从产品、企业、区域等多层次上进行物质、信息的交换,降低系统物质流动的比率与规模,实现固体废物的多级利用。

（5）坚持可持续导向

固体废物管理规划应处理好工程建设、环境保护、居民生活质量与环境卫生之间的关系,以环境友好方式利用资源,妥善处理废物,正确处理好固体废物处理的经济效益与社会效益、环境效益的关系,避免因固体废物的不合理处置与利用影响社会公平、区域与代际公平,坚持可持续发展。

18.1.2　基本原则

（1）实事求是、因地制宜

规划要考虑当地实际,包括地理气候条件、资源环境禀赋、社会生活习惯和经济发展水平等,提出恰当的规划与管理目标,制定可操作性管理方案与实施策略,使规划和现状有机结合。

（2）远近结合、以近为主

固体废物管理规划应以区域总体规划、国民经济发展规划、社会经济发展战略相适应,与各部门的发展目标相衔接,正确处理近期建设和远景发展要求,立足于长期发展,重点突出近中期内容,宏观规划远期发展方向。

（3）弹性规划、突出重点

规划中应考虑到众多的不确定因素,如人口增长率变动、生活方式变化、国家宏观政策调整等,全面与重点相结合,突出解决瓶颈问题,提供可行替代方案与选择。

（4）区域组团、统筹规划

规划中应打破"就地论地"局限，实现在城市带、城市圈甚至更大区域范围内固体废物的统筹管理，优化固体废物综合利用网络，实现设施的统一设置和区域共享，按照区域一体化发展的要求，在空间上进行分层次、组团式设施布局，优先实施重点示范项目，逐步推广，实现均衡发展。

18.1.3　基本内容

固体废物产生、收集和运输（收运）、处理（置）是固体废物全过程管理的三个关键环节，与之对应，固体废物管理规划也应包括源头、收运、处理处置与资源化规划三项核心内容，以及提供市场支撑的固体废物产业发展规划，各项内容之间的关系见图 18.1。

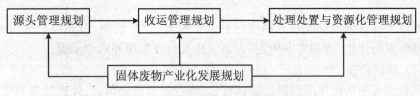

图 18.1　固体废物管理规划的基本内容

（1）源头管理规划

固体废物源头管理的核心目标是各类废物的减量与有效分类。源头管理规划中，应查明各类固体废物的来源和数量，进行鉴别、分类，建立必要的档案，记录固体废物种类、特征、有害成分含量，以及在运输、处理过程中的注意事项等。最终目的是降低固体废物收运量，减少处理、处置和资源化利用的成本。

（2）收运管理规划

收运管理是对固体废物从产生地点到中转站及中转站到处理处置与综合利用设施过程的管理，包括收集容器和运输工具的选择、收运方式选择、收运管理模式运行机制的建立等。收运系统是衔接源头管理系统和处理、处置和资源化系统的中间环节，收集和运输系统效率的高低，影响收运系统的经济成本和环境卫生目标的实现，还影响固体废物的后续处理及处置。因此收运管理规划的关键点是固体废物收集和运输系统的优化，常见方法是以 GIS 为平台，建立数学模型，实施线路及方式等的优化。

（3）处理处置与资源化利用规划

固体废物处理处置与资源化利用规划的目标是依据物质代谢与循环经济理念，实现固体废物的无害化处理与资源化再利用，达到资源节约的目的。具体规划中，以技术经济条件为约束，结合生命周期分析，运用数学优化模型，综合考虑固体废物处理处置过程中的物耗、能耗、成本以及污染物排放等各种影响,确定最终方案。

（4）固体废物产业化发展规划

固体废物产业化是实现融资的可靠途径,通过制定产业化发展规划,可促进固体废物资源化相关企业或行业的发展,建立并规范固体废物及再生资源交易体系,保障固体废物资源化的发展,实现与区域循环经济体系的融合。

18.2 固体废物管理规划的方法与模型

18.2.1 技术路线

固体废物管理规划的技术路线包括现状调查、趋势预测、目标与指标设置、规划方案形成与优化、规划方案确定、方案实施及后续管理等六个步骤。

（1）现状调查

现状调查包括固体废物排放源调查、废物产量及成分调查、处理处置与资源化现状调查、社会经济发展现状及发展规划调查、固体废物管理相关法律法规、环境经济政策调查等。排放源、处理处置与资源化现状调查的目的是了解固体废物处理、处置与资源化现状,查明存在的问题;固体废物产生量、处理与处置技术水平、资源化利用效率与区域社会经济发展水平关联性强,社会经济发展目标与法律法规、环境经济政策调查是固体废物趋势预测与对策方案制定的基础。

（2）趋势预测

基于固体废物产生水平与社会经济发展关系的分析,依据社会经济发展规划目标,结合生命周期分析,定性与定量相结合,预测固体废物数量、成分变化及环境影响,分析可行的固体废物收运方式、处理处置与资源化技术。

（3）目标与指标设置

固体废物管理规划目标有总体目标、分期目标、具体目标三类。总体目标的制定要考虑环境、资源效益及社会、经济和技术条件约束。分期目标是总体目标在各时间段的具体化,具体目标是总体目标在各个领域或环节的细化。规划指标是规划目标的具体表达,可分为循环经济特征指标(如万元 GDP 固体废物产生量、固体废物循环利用率、固体废物分类回收率等)、处理处置水平指标(如生活垃圾无害化处理率、危险废物安全处置率等)和绿色管理指标(资源再生企业的比率、清洁生产企业比率、垃圾分类的社会认知率等)三类。

（4）规划方案形成与优化

考虑生态保护、资源利用、经济有效等多个目标,建立规划方案优化模型,拟定出切实可行的备选与替代方案。模型模拟与专家论证相结合,筛选出源头管理、收运管理、产业发展、处理处置与资源化方面的规划方案。

（5）规划方案确定

根据规划目标要求,考虑现实可行性与环境目标可达性,对规划方案进行修正、补充和调整,形成正式方案。

（6）方案实施及后续管理

固体废物管理规划涉及社会、经济、环境等许多领域,且规划时段一般较长（至少为五年以上）,具有不确定性,为保证规划的时效性,应依据技术发展水平与经济支撑能力变化进行动态跟踪管理,适时调整,制定促进规划实施的法律、法规、政策与组织管理保障体系。

18.2.2　固体废物收运路线优化方法与模型

固体废物收运费用占整个管理费用的 $40\%\sim50\%$,优化收运路线,降低收运成本是固体废物管理规划的基本要求。收运过程中还需降低环境与社会影响,即优化的固体废物收运路线需达到费用、环境污染最小化及社会效益最大化两个目标。下面着重介绍应用较多的网络流模型。

（1）网络流

设 $N=(V,E)$ 是一连通的有向图,X 和 Y 是 V 的两个非空且不相交的子集,X（称为发点）中的每一点都有通路到达 Y（称为终点）中的某点,在 N 的边集 E 中每一边 e 上都定义了一个边权函数,则称这样的有向图 N 为网络图,e 称为边上的权。从发点出来的"货物",经过网络上的有向边,最后流入终点,这一系统统称为网络流。

（2）模型描述

以图 18.2 为例,对网络最优化模型加以分析。对已知重量的固体废物从 y_1 和 y_2 出发以后,中间可以经过 $v_1,\cdots,v_5$,最后把废物送至处理处置设施所在地 x。在图中的每条边都赋给了一个数字,其具体意义是表示各边的综合路径长度。最优化模型的目标是在 y_1 和 y_2 的废物数量确定后,在运输路线中选择最短的综合路径。

（3）综合路径长度

综合路径长度是指在考虑环境因素、社会因素后的加权路径长度。其公式为

$$L_s = \alpha L$$

式中,L_s 为综合路径长度,L 为实际路线长度,α 为噪声、交通等环境与社会经济因素的影响权重,可单项赋权后确定综合权重。

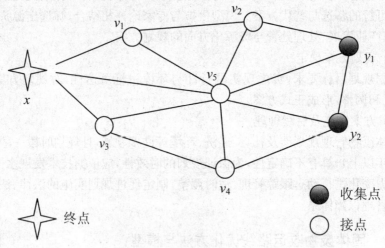

图 18.2　运输路线网络图

（4）网络流最优化方法及步骤

① 首先考虑与出发点 y_1 最近的三个点（v_2,v_5,y_2）。它们都只有唯一条路通向 y_1，即 v_2 经过（v_2,y_1）到达 y_1 且路程长为 $L(v_2 y_1)$，在图 18.2 中顶点 v_2 的右边括号内写上 $L(v_2 y_1)$，以表示该点到 y_1 的最短路程。同理得出 $L(v_5 y_1)$,$L(y_2 y_1)$。

② 考虑 v_1,v_3 与 v_4。v_1 到达出发点 y_1 有三条路径，即：$v_1 \rightarrow v_2 \rightarrow y_1$，综合路径长度为 $L(v_1 v_2 y_1)$；$v_1 \rightarrow v_5 \rightarrow y_1$，综合路径长度为 $L(v_1 v_5 y_1)$；$v_1 \rightarrow v_5 \rightarrow y_2 \rightarrow y_1$，综合路径长度为 $L(v_1 v_5 y_2 y_1)$，从中确定出最短路径将其标于 v_1 后。同理考虑 v_3 与 v_4 的最短综合路径长度。

③ 以 v_1,v_3 与 v_4 为基础确定 x 到 y_1 的最短综合长度。

④ 同理确定出 x 到 y_2 的最短综合长度。

⑤ 考虑到车载负荷，为提高满负载率，当运输车收集完一处的固体废物时，可直接到另一收集点收集。

18.2.3　固体废物处置设施选址方法与模型

固体废物处置设施选址研究中，常用方法是问卷调查法、层次分析法和 GIS 技术支持选制法。

（1）问卷调查法

国内外诸多专家学者认为固体废物处置选址已不仅是单纯的技术性问题，而是涉及经济、社会和政治等诸多方面的综合性问题。例如，美国国家环保署（EPA）的选址分析因子为：地下水和空气质量的影响、运输可行性、对财产价值影响以及补偿计划、对社区形象影响、美学和政治问题等。其中就较多考虑了社会方面因素。对于这些因素的分析,一个很好的方法是问卷调查法。调查问卷应根据研究对象的实际情况来设计。

规划中所使用的调查问卷内容涉及很多,例如,某一家庭固体废物产生量,经常使用的垃圾站以及路径,对拟建垃圾转运站的偏好程度等。问卷调查法在实际应用中,一定要注意遵循社会调查统计方面的有关原则,如样本选取方式、样本数量的确定等,要保证样本可信度,从而保证准确性。

（2）层次分析法

层次分析法是美国运筹学家 T. L. Stay 教授于 20 世纪 90 年代初提出的一种定性分析和定量计算相结合的多目标决策方法。其计算步骤如下:

① 构造判断矩阵。把场地适宜性作为目标层 A,制约因素层依次为 B 和 C,根据各层次因素对填埋场的相对重要性,分别构造 A 对 B,B 对 C 的判断矩阵。

② 计算各因子的相对权重。

③ 建立场地适宜性综合评价数学模型。用多目标决策的线性加权方法来描述场地适宜性评价系统,建立广义目标函数:

$$Z = \sum_{i=1}^{n} \omega_i Z_i, \quad Z_i = \sum_{j=1}^{m_i} \omega_{ij} Z_{ij}$$

式中,Z 为垃圾填埋场适宜性总分;i 为第 B 层第 i 项制约因素,$i = 0, 1, 2, \cdots, n$;n 为填埋场 B 层制约因素个数;ω_i 为第 i 项制约因子权重;Z_i 为 B 层制约因素下第 i 项因素的得分;m_i 为 B 层第 j 项制约因素下的 C 层制约因素总数;ω_{ij} 为 B 层制约因素第 j 项制约因素下的 C 层 j 项制约因子权重;Z_{ij} 为 B 层制约因素第 j 项制约因素下的 C 层 j 项制约因素的总分。

④ 场地适宜性综合评价。利用层次分析法求得各因素权重,对各因子进行打分,代入评价模型,即可对场地适宜性进行综合评价,并依据评价结果确定适宜性等级,一般为"最佳、适宜、较适宜、勉强适宜、不适宜、极不适宜"等级别,从而为选址提供决策依据。表 18.1 是采用百分制打分的填埋场适宜性等级标准。

表 18.1　填埋场适宜性等级标准

等级	最佳场地	适宜场地	较适宜场地	勉强适宜场地	不适宜场地	极不适宜场地
分值	90～100	80～90	70～80	60～70	50～60	低于 50

（3）GIS 技术支持选址法

GIS 是集地球科学、信息科学与计算机技术为一体的技术平台,目前广泛用于资源环境等多个领域,也可用这项技术作为处理设施选址的工具。

在选址中,GIS 的应用主要体现在制图功能上,把搜集到的对选址起决定作用的限制因素绘制成各种图形,将所绘制出的图形进行对比和叠加,选择出不受限制因素制约的空间位置。例如,场地受百年一遇洪水位标高的限制,在洪水位标高以下的区域不能选择为场址,场址只能在其标高以上的区域选择。诸如此类因素,通过 GIS 平台,可直观地在屏幕中显示。GIS 辅助选址系统工作流程如图 18.3 所示。

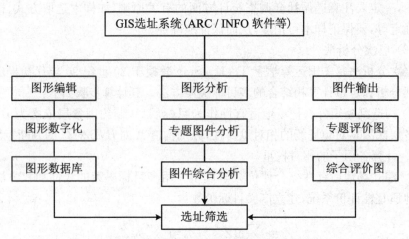

图 18.3　GIS 辅助选址系统工作流程图

18.2.4　固体废物处理处置方案的优选方法

固体废物处理处置方案的优选是固体废物规划的核心内容,越来越多的确定性和随机性数学模型用于固体废物处理处置方案优选中。层次分析法、多目标规划法和模糊数学综合评价法等方法应用较多,本节重点介绍多目标规划法和模糊数学综合评价法。

1. 多目标规划法

(1) 引入达成函数的多目标规划法步骤

多目标规划建立在线性规划的基础上,是为适应多目标最优决策的需要发展起来的。它克服了单一线性规划的缺点,可获得满意解。本节引入达成函数,从而把多目标问题转化为单目标问题,具体步骤如下:

① 设定目标函数期望值并确定各个目标优先等级。一个规划如果包括 n 个目标,则在建立目标规划时,首先要对每一个目标确定一个希望达到的值 $e_i(e_i=1,2,\cdots,n)$。对于每个目标,考虑可行性与预期效果,确定优先等级。

② 设立决策变量,建立各个约束条件方程。

③ 对每个目标引进正负偏差变量,建立目标约束条件。由于各目标函数的期

望值有时不能全部达到,为从数量上描述各目标值没有达到的程度,对每个目标函数分别引入正、负偏差变量 d_i^+, d_i^- $(i=1, 2, \cdots, n)$。其中,d_i^+ 表示超出第 i 个目标期望的数值,d_i^- 表示未达到第 i 个目标期望的数值,且 $d_i^- + d_i^+ = 0$。

④ 根据各目标的优先等级建立达成函数。为了使各目标与它们期望值的偏差最小,构造一个新的目标函数,即达成函数,用以求出有关偏差变量的最小值。通过达成函数将一个多目标模型转化为一个单目标函数。如要正好达成某个目标期望值的,在达成函数中应列入 $\min \{d_i^+ + d_i^-\}$;对于希望尽可能不低于目标期望值的,在达成函数中列入 $\min d_i^-$;对于不得超过目标期望值的,在达成函数中列入 $\min d_i^+$。

⑤ 利用图解法或单纯型法求解达成函数,得最优解。

(2) 应用实例

以无害化、费用低为首要因素,减量化为次要因素。假设采用好氧堆肥、焚烧、直接填埋的量分别为 x_1, x_2, x_3,Q 为垃圾处理总量,假定好氧堆肥系统、焚烧系统、填埋系统参数如表 18.2 所示。

表 18.2　系统参数表

项目	好氧堆肥系统	焚烧系统	填埋系统
费用(元/t)	a_1	b_1	c_1
减量化(重量比/%)	a_2	b_2	0
资源化(系数/%)	a_3	b_3	0

根据表 18.2,建立无害化、费用、减量化和资源化 4 个方程:

$$W_{无} = x_1 + x_2 + x_3$$
$$F_{费} = a_1 x_1 + b_1 x_2 + c_1 x_3$$
$$J_{减} = a_2 x_1 + b_2 x_2$$
$$Z_{资} = a_3 x_1 + b_3 x_2$$

建立各个目标约束方程:

$$W_{无} = x_1 + x_2 + x_3 \geqslant Q$$
$$F_{费} = a_1 x_1 + b_1 x_2 + c_1 x_3 \geqslant c_1 Q$$
$$J_{减} = a_2 x_1 + b_2 x_2 \leqslant b_2 Q$$
$$Z_{资} = a_3 x_1 + b_3 x_2 \leqslant a_3 Q$$

将正负偏差变量引入上述 4 个方程:

$$W_{无} = x_1 + x_2 + x_3 + d_1^- + d_1^+ = Q$$
$$F_{费} = a_1 x_1 + b_1 x_2 + c_1 x_3 + d_2^- + d_2^+ = c_1 Q$$
$$J_{减} = a_2 x_1 + b_2 x_2 + d_3^- + d_3^+ = b_2 Q \cdot$$

$$Z_资 = a_3x_1 + b_3x_2 + d_4^- + d_4^+ = a_3Q$$

建立达成函数。对于式 $W_无$，希望 d_1^-，d_1^+ 越小越好，即 $\min(d_1^- + d_1^+)$；对于式 $F_费$，希望 d_2^+ 越小越好，即 $\min d_2^+$；对于 $J_减$，希望 d_3^- 越小越好，即 $\min d_3^-$；对于式 $Z_资$，希望 d_4^- 越小越好，即 $\min d_4^-$。据此建立达成函数：

$$\min f = P_1(d_1^+ + d_1^- + d_2^+) + P_2 d_3^- + P_3 d_4^-$$

上式中，P_1 表示优先考虑的因素，是首要解决目标；P_2 表示第二要考虑的因素，是在满足优先条件后要解决的目标；P_3 表示第三考虑因素。也就是说上式中优先考虑无害化、处理费用因素，其次考虑减量化因素，最后考虑资源化因素。

利用图解法或单纯型法求解。

2. 模糊数学综合评判法

模糊数学综合评价法以环境、经济与社会限制条件等构成多目标，可同时接受定性与定量两种数据，解决了决策过程中定性数据不确定性对模型的影响，使决策过程更加客观明确，模糊数学综合评判的步骤如下：

(1) 构筑固体废物处理方案评价指标体系

根据规划区固体废物产量、组分特点，考虑技术经济能力，确定可行的处理方案(用 j 表示)。选取分别属于环境、经济与社会三类限制因素的 14 个评价指标(用 C_i 表示)作为评价方案优越性的准则(图 18.4)。按指标性质，可分为定量指标与定性指标两类。其中定性指标可采用适当方法进行量化。

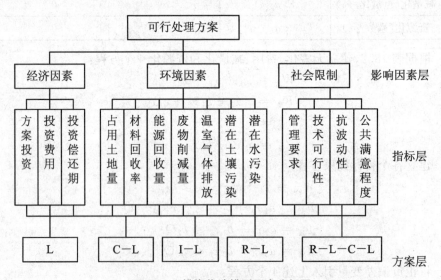

图 18.4 模糊优选模型层次分析图

(2) 指标相对优属度的确定

在模糊优选过程中，起决定作用的不是指标特征值的绝对值，而是其相对大小。为此,定义相对优属度,用 C_i 指标评价第 j 个方案的相对优属度用 r_{ij} 表示。

对于特征值越大越优的指标,得 $r_{ij} = \dfrac{X_y}{V_j X_{ij}}$;若特征值越小越优,得

$$r_{ij} = \begin{cases} 1 & (\Lambda_j X_{ij} = 0) \\ \dfrac{\Lambda_j X_{ij}}{X_{ij}} & (\Lambda_j X_{ij} \neq 0) \end{cases}$$

式中,X_{ij} 为用 C_i 评析 j 方案的特征值;$V_j X_{ij}$ 和 $\Lambda_j X_{ij}$ 分别为用于所有评价方案特征值的最大和最小值。

(3)权重分析

根据影响因素或评价指标所处的地位和相对重要性,赋予不同的权重(用 W 表示),可通过层次分析、专家判断及熵权法等方法确定。

(4)方案排序

采用章系统模糊优选模型:

$$u_{pj} = \left\{ 1 + \frac{\sum\limits_{i=1}^{n} \left[w_i (1 - r_{ij}) \right]^{\frac{2}{h}}}{\sum\limits_{i=1}^{n} (w_i r_{ij})^h} \right\}^{-1}$$

式中,u_{pj} 表示 b_p 影响因素评价第 j 个方案的决策相对优属度,$h = 1$。

对相对优属度与权重进行综合加权评价,确定方案的优劣排序。具体应用上,首先利用章系统模糊优选模型对指标的相对优属度与一级权重进行一级综合评价,得出影响因素向量,然后对影响向量构成的矩阵和二级权重进行二级综合评价,得出最终评价结果,从而确定方案。

18.3　固体废物管理的措施与手段

18.3.1　建设以固体废物利用为主导的循环经济体系

依据物质代谢理论与生态学规律,贯彻生态设计理念,围绕固体废物的产生与处理全过程,合理设计与延长工业生产链,通过企业内部回用、企业间梯级利用和固体废物再生产业的发展,促进固体废物的循环利用,形成反复流动循环的闭环式工业生产与经济体系,最终形成建立在固体废物不断循环利用基础上的经济发展模式。该模式要求把经济活动组织成一个"资源—产品—废物—再生资源"的反馈式流程,倡导"从摇篮到摇篮""从资源到资源"的观念,使得人类对于固体废物处理处置的态度和认识有了根本的转变。国外已有许多发达国家把固体废物综合利用

作为发展循环经济、实施可持续发展战略的重要途径率先实践。

具体而言,需要在实施中严格贯彻"3R"原则,即减量化(Reducing)、再利用(Reusing)、再循环(Recycling)原则,其中减量化属于输入端方法,旨在减少进入生产和消费流程的物质量;再利用属于过程性方法,目的是延长产品和服务的时间强度;再循环是输出端方法,通过把废物再次变成资源以减少最终处理量。

18.3.2 选择适宜的固体废物处理处置、综合利用模式与技术

1. 固体废物处理处置与综合利用模式

（1）模式类型

固体废物处理处置与综合利用模式是指区域固体废物管理系统中各种不同的固体废物处理处置与综合利用技术的组合和构成。它可分为单一模式与复合模式。复合模式是指采用两种或多种技术方法对固体废物进行处理处置与综合利用的管理模式。在复合模式中,按照处理处置技术方法的不同,可分为填埋为主、焚烧为主、综合利用为主模式。

① 填埋为主的复合模式。在这种模式中,填埋是主要处置处理方式,一般认为填埋处置量不低于 50%。此模式特点是一次投资费用较低,对土地资源占用量较大。

② 焚烧为主的复合模式。在该模式中,焚烧是主要处理方式。其特点是可实现大幅度减量化,减少最终处置量,可节约土地,还可获取能源,具有一定资源环境效益。缺陷是一次性投资大,自动化控制程度要求高。

③ 综合利用为主的复合模式。在该种模式下,固体废物主要采取综合利用的方式进行处理,重点是从固体废物中回收各类物质。该模式优点是资源化效率高,需与完善的分类收集系统相配套,更符合循环经济建设与可持续发展的战略目标,是固体废物处理模式的发展方向。

（2）模式的选择

模式选择的主要依据或需要考虑的主要因素是规划区域固体废物的产生特性。固体废物的产生量、物理组成、元素组成、有机质含量、热值等产生特征指标是选择处理模式的主要依据,区域社会经济条件、自然环境特点与各类技术的经济性也是需要关注的内容。

2. 固体废物处理处置与综合利用技术

（1）固体废物的处理与处置技术

固体废物处理是指通过物理、化学、生物等不同的方法,使固体废物转化成为适于运输、储存和资源化利用以及最终处置的过程。固体废物处理方法有物理处理、化学处理、生物处理、热处理、固化处理等。

　　固体废物处理是指最终处置或安全处置,是固体废物污染控制的末端环节,目的是解决固体废物的归宿问题。固体废物处置有海洋处置、陆地处置两大类。其中海洋处置又有海洋倾倒、远洋焚烧两种,近来海洋处置已受到越来越多的限制。陆地处置包括土地耕作、工程库或贮留池贮存、土地填埋以及深井灌注等,其中土地填埋是目前的固体废物处置的主要方法。

　　工业固体废物类型复杂,处置方法多样。常用的生活垃圾处理处置技术包括卫生填埋、焚烧与堆肥,技术比较见表 18.3。

表 18.3　卫生填埋、焚烧和堆肥三种技术的比较

项目	卫生填埋	焚烧	堆肥
总体特点	处理量大,工艺相对简单,技术可靠;其他处理方式残渣的最终消纳场;建设投资和运行成本较低	减量少、无害化程度高;可回收能源;使用期限长,占地面积小,运行可靠;可靠近城市建设	使用年限不受自然条件限制;无害化、资源化技术程度较高;有机物返还自然,有利于生态保护
适用条件	进场垃圾的含水率小于30%,无机成分大于60%	进炉垃圾的低位热值高于 4 127 kJ/kg,含水率小于50%、灰分低于30%	垃圾中可生物降解有机物含量大于40%
资源化	可利用沼气发电或热能回收	可利用垃圾焚烧的余热发电或供热;焚烧残渣可综合利用	采用厌氧消化工艺并进行沼气收集的堆肥,可利用沼气发电,堆肥产品做肥料
最终处置	填埋本身是一种最终处置方式	焚烧炉渣需做处置,约占进炉垃圾量的 10%～15%	不可堆肥物需做处置,约占垃圾进场垃圾量的30%～40%
管理要求	一般	很高	较高
制约因素	工程选址	发电上网	产品销路
主要风险	沼气引起爆炸,场地渗漏或渗沥水污染	垃圾燃烧不稳定,烟气治理不达标	生产成本过高或堆肥质量不佳影响产品销售
运输距离	远,一般在郊外,运距通常大于 25 km	较近,常处市郊结合部,运距视规模和服务范围而定,一般 10 km	较远,一般位于市郊,运距 10～15 km
占地面积	大	小	中等
运行成本(计折旧)	35～55 元/t	80～140 元/t	50～80 元/t

　　(2)固体废物的综合利用
　　固体废物具有时空特征,同时具有"废物"和"资源"的二重特性,被视作"放错

地方的资源""地球上唯一增长的资源宝库",对其处理也应从消极处理变为积极回收利用。通过废物梯级利用和发展固体废物综合利用产业,使可能造成环境污染的废物资源加工成新的生产原料,减少向大自然的索取和排放,可有效地避免生态破坏,实现人口、资源和环境的和谐发展,因此成为固体废物处理与处置的发展趋势。国外诸多地区的实践表明,固体废物综合利用可有效减少废物清运量,是减少环境危害、节约能源、保护资源、节约废物收集及处理成本的有效途径,是实现固体废物管理规划向可持续发展方向转变的重要策略。

固体废物资源化利用技术主要包括农业固体废物综合利用技术、工业固体废物综合利用技术、生活垃圾综合利用技术和危险废物综合利用技术(表 18.4)。

表 18.4　固体废物综合利用技术

农业固体废物综合利用技术	秸秆综合利用技术 禽畜粪便综合利用技术 渔业废物综合利用技术 林业废物综合利用技术
工业固体废物综合利用技术	尾矿综合利用技术 粉煤灰综合利用技术 煤矸石综合利用技术
生活垃圾综合利用技术	生活垃圾发电技术 废旧塑料回收利用技术 废玻璃回收利用技术 废旧家电资源化利用技术 生活垃圾焚烧灰渣综合利用技术 废旧橡胶制品回收利用技术
危险废物综合利用技术	污泥资源化利用技术 油污资源化利用技术 废旧电池资源化利用技术 其他危险废物资源化利用技术

18.3.3　通过经济手段推动固体废物的管理

依据国家环境经济政策和环境法规,运用价格、成本、利润、信贷、税收、收费和罚款等经济杠杆来调节各方利益,达到促进固体废物管理、保护环境的目的。固体废物管理中常用的经济手段包括庇古手段、科斯手段及财政税收政策,由于固体废物的特殊性,难以通过市场机制,如排污交易,落实科斯手段的应用,因而,庇古手段与财政税收政策应用较多,主要包括以下几个方面。

(1) 加强工业固体废物排污收费

根据我国现行政策和法律规定,排污单位应根据排放污染物种类、数量和浓度,缴纳排污费。鉴于固体废物排放与废水、废气排放有本质不同,固体废物排污费缴纳,对象实质是那些未按照规定和标准建成、改造完成储存或处置设施之前产生的工业固体废物。

(2)加大固体废物处理费征收力度

根据污染者付费原则,全面开征固体废物处理费。提高生活垃圾处理费的收缴率,逐步提高收费标准,使其达到补偿垃圾收集、运输和处理的成本,并使垃圾处理企业有合理的利润。同时,对进入垃圾填埋场的固体废物再进行收费,其目的是通过征收高额度的填埋税来促进废物产生者和运营者减少废物填埋处置量,提高废物再生利用和处置比率。

(3)征收产品或包装费

通过征收产品或包装费,可推动产品和包装生产者履行生产者责任,承担产品消费后的废物管理,避免这些产品或包装的废物成为固体废物,从而减少固体废物的产生量和相关处理费用。

(4)实行押金退款制度

押金退款制度一般用于固体废物回收与重复利用方面,可促进资源利用效率提高,减少固体废物污染。常见的是包装物的回收和利用,一般由政府强制性规定,要求包装物生产者或销售者向消费者提供产品的同时,收取一定押金,以鼓励消费者在使用过程中将包装物交还给销售商。

(5)推行有利于固体废物资源化的财政税收政策

在庇古与科斯手段失灵状况下,其他经济手段可作为有效的补充。常用的手段有减免税、财政补贴与贷款优惠,作用对象是固体废物回收与综合利用产业,通过扶持相关产业发展,从而建立固体废物回收与综合利用的经济激励体系。

济南市固体废物污染防治规划

济南市固体废物污染防治规划技术路线如图18.5所示。

1. 固体废物污染防治规划技术路线

首先,针对固体废物各个管理机构及其运行情况、各种污染源、各种固体废物等进行第一层次基础资料的普及性调查、分析,在此基础上进行问题的初步识别与评价。其次,针对第一层次基础资料调查、分析和问题初步识别的结果,有目的、有重点、有针对性地进行第二层次基础资料的详细调查与分析,调查的对象是工业固体废物的总体情况、重点污染源、危险废物与放射性废物的现状与危害、城市垃圾

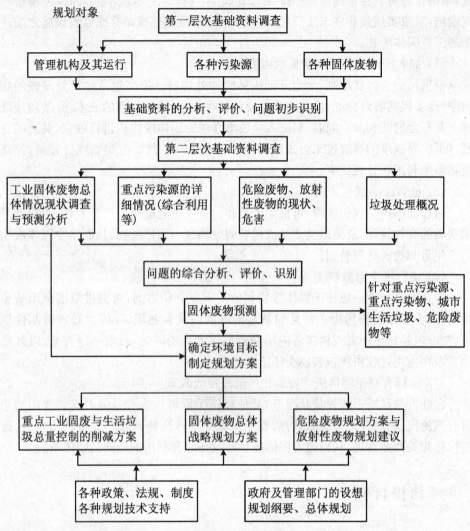

图 18.5　济南市固体废物环境规划技术路线图

的处理与处置的详细情况等。在此基础上对问题进行综合分析、评价、识别，并对某些重要方面(如重点污染源的重点污染物、城市生活垃圾、危险废物等)进行预测分析；在第二层次详细调查分析和预测基础上，针对存在的突出问题和环境要求确定环境目标并制定规划方案，本规划提出了三方面的规划方案，即重点工业固体废物与生活垃圾总量控制削减方案、固体废物总体战略规划方案、危险废物规划方案与放射性废物规划建议，方案的制订同时要考虑有关的法规、政策和相关部门的设想、总体规划等内容。

2. 固体废物污染防治与管理现状调查

固体废物管理现状：将济南市固体废物划分为一般工业固体废物、城市生活垃圾、危险废物、放射性废物、其他废物（如建筑垃圾等），调查各类废物的归口管理单位（包括市环保局、环卫局、城建局、卫生局、市经委资源节约综合利用办公室等）的管理现状及其运行状况（包括管理的法规政策依据及执行情况、管理权限与范围等）。调查方法采用现场调查与询问方式。

固体废物科研工作现状：调查各个相关部门与科研机构以往的研究成果与工作情况。

固体废物产生现状：调查各类固体废物的产生源、产生数量、产生方式与特点等，详细调查某些重点污染源（济南裕兴化工总厂、黄台火力发电厂、济南钢铁总厂）的生产工艺。调查方法采用现场调查与询问方式。

固体废物去向现状：调查各类固体废物的综合利用、处理处置、堆放与排放等现状。调查方法采用统计调查与询问方式。

固体废物污染事故与纠纷：调查各类固体废物所造成的污染事故与纠纷记录。调查方法采用统计调查与民意调查方式。

3. 固体废物污染防治与管理现状评价

统计分析评价法：通过对历史数据进行统计分析，分别对各类固体废物的产生、综合利用、处理处置、堆放与排放、污染危害等进行详细评价。

风险评价法：对某些重点有毒有害危险废物和生活垃圾堆放场进行风险分析评价。

机会费用评价法：用机会费用法对因某些有毒有害危险废物和生活垃圾排放与堆放造成的损失进行测算。

专家咨询评价法：对某些现状资料有争议的情形（如各部门数据相互矛盾或缺乏等）采取专家咨询方法进行核对与校验。

4. 固体废物污染防治与管理现状问题识别

经过识别发现的普遍性问题包括：固体废物管理的部门性极强，条块分割严重，缺乏统一的指导、协调。固废管理工作开展较晚，缺乏宣传，缺乏领导部门了解，固废管理机构和人员有待落实和加强。环保部门对工业固体废物缺乏统一监测、监督、管理。固体废物包括固态固体废物、半固态固体废物，同时也有高浓度液态固体废物，而高浓度液态固体废物通常又随水体排放，部分已进入废水总量控制管理之中。固体废物管理与废水管理的界线和关系需要进一步协调。固体废物的资源性已得到人们的逐步认识，资源化及综合利用的发展相当迅速。综合利用虽已具备相当的规模，但大多为自发形式，缺乏环保部门的指导，缺乏统一的专业化管理，存在二次污染、私自买卖、个人谋利、固体废物越境转移等问题。固体废物产生后,出路未得到很好解决,缺少治理技术和社会化的规模性综合利用、处置、贮存和设施,尚未建立有毒有害固体废物处理处置中心,有毒有害固体废物的出路未得到根本解决。缺少固体废物中介服务机构,如固体废物信息咨询中心、固体废物利用交换中心、有害固体废物监测中心等。固体废物混排严重,有许多有毒有害固体废物是经环卫部门以城市生活垃圾形式进行处理,对环境造成了严重污染。

经过识别发现的特殊性重点问题包括:量大、面广、危害严重的重点工业固体废物是含铬废物、粉煤灰、钢渣,对应的重点污染源是裕兴化工总厂、黄台火力发电厂、济南钢铁总厂。裕兴化工总厂的含铬废物已对厂区周围地面水、地下水、土壤环境造成了不同程度的污染。黄台火力发电厂粉煤灰产量过分集中,厂区附近的小清河灰场已对小清河以及周围农田土壤造成污染。灰场扬尘给市区市容造成了污染。济南钢铁总厂需处置的钢渣产量很大,现状只是在厂区内进行简陋的矿坑回填,没考虑环保的"三防"问题。环绕在济南市区的 6 个垃圾自然堆放场已对城市市容环境带来了严重影响,对地表水、地下水存在污染隐患。济南市垃圾成分中大肠菌值和细菌总数都已超标,未经处理的垃圾运到城郊暴露堆放或直接用于农田,会污染环境并破坏土壤生态系统。

5. 固体废物污染预测

工业固体废物(含有毒有害的危险废物)预测:回归统计预测法——用于工业固体废物产生总量、综合利用总量、堆存总量、排放总量等指标。渣比系数预测法——用于各类特殊的重点工业固体废物产生量预测,渣比系数根据污染源的历年产渣统计数据与生产技术水平综合确定。

生活垃圾预测:人均系数预测法——用于生活垃圾产生量预测。人均日产垃圾量根据济南市人均日产垃圾量统计分析与垃圾组成成分分析结果综合确定。经验公式预测法——用于生活垃圾组成成分预测。

污染损失预测:采用机会费用预测法进行预测。

6. 固体废物污染未来问题识别

重点工业固体废物(铬渣、铬酸渣、铝泥、粉煤灰、钢渣,除粉煤灰)产生量在 2000 年和 2010 年均有增加,且 2000 年和 2010 年的综合利用任务艰巨。重点工业固体废物在 2000 年和 2010 年的堆存量和需处置量都很大(尤其是粉煤灰),而且堆存费用相当可观。由于运行费用问题,济南垃圾无害化处理厂难以正常运行,到 2000 年济南垃圾无害化处理厂的容量将用尽,无法对新产生的垃圾进行处理,需寻求其他的垃圾无害化出路和场地。预计到 2000 年和 2010 年生活垃圾的清运、堆存、占地费用分别将达到 9 717.2 万元和 33 043 万元。

7. 固体废物污染防治规划目标

针对济南市固体废物污染防治方面现状与未来问题,以可持续发展思想和《中华人民共和国固体废物污染环境防治法》为指导,结合《济南市经济社会发展总体规划》和《济南市环境保护"九五"计划和 2010 年规划纲要》,分别提出宏观与微观目标,并对各层次目标进行可达性分析。

工业固体废物规划目标指标:宏观层次指标——工业固体废物综合利用率、危险固体废物处置率、工业固体废物综合治理率。微观层次指标——渣综合利用率、铬渣处置、铬酸渣综合利用率、铬酸渣处置率、粉煤灰综合利用率、钢渣综合利用率。

生活垃圾规划目标指标:宏观层次指标——生活垃圾清运率和生活垃圾无害化率。微观层次指标——垃圾分类收集程度、垃圾密封式收运程度、垃圾资源化程度、垃圾无害化处理处置率。

8. 固体废物污染防治规划方案

规划方案要解决现状和未来两方面的问题,方案的设计分为定性和定量两方面。其中,定性方案的设计主要依据要开展的工作而进行,定量方案的设计则根据以上提出的分期目标,分别计算 2000 年和 2010 年各种指标的值,然后依据各指标值向各个责任单位分配任务指标。各种方案的逻辑关系详见图 18.6。由图 18.6

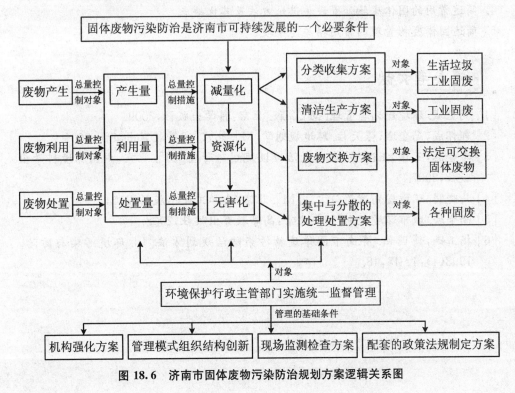

图 18.6 济南市固体废物污染防治规划方案逻辑关系图

可见,固体废物污染防治是济南市可持续发展的一个必要条件,它的实现要靠固体废物的减量化—资源化—无害化。减量化、资源化、无害化分别是产生量、利用量、处置量对应的总量控制措施。产生量、利用量、处置量又是固体废物产生、利用、处置的总量控制对象。减量化主要通过分类收集、清洁生产实现,资源化主要靠废物交换实现,无害化主要靠集中与分散处置实现。济南市环境保护局作为环境保护行政主管部门对固体废物的产生、利用、处置全过程实施统一监督管理,对减量化、资源化、无害化的最终措施(分类收集、清洁生产、废物交换、集中与分散处置)实施统一监督管理。机构强化、组织结构创新的管理模式、现场监测检查、制定配套的政策法规等,是固体废物实施统一监督管理的主要工作内容。

复习思考题

1. 论述固体废物管理规划的基本内涵。
2. 简述固体废物管理规划制定的技术路线。
3. 论述固体废物管理规划的基本内容。
4. 简述常用的固体废物处置设施选址方法及其优缺点。
5. 简述固体废物管理的常用措施与手段。

参考文献

[1] 尚金城. 环境规划与管理[M]. 2版. 北京:科学出版社,2009.
[2] 郭怀成,尚金城,张天柱. 环境规划学[M]. 北京:高等教育出版社,2001.
[3] 李金惠,王伟,王洪涛. 城市生活垃圾规划与管理[M]. 北京:中国环境科学出版社,2007.
[4] 马晓明. 环境规划理论与方法[M]. 北京:化学工业出版社,2004.
[5] 尚金城. 城市环境规划[M]. 北京:高等教育出版社,2008.
[6] 杨玉峰,傅国伟. 济南市固体废物污染防治规划方法[J]. 环境污染与防治,1998(4):42-45,48.